上海漫控潮流博览会

SHANGHAI COMIC CONVENTION ™

2016.11.5-6
上海跨国采购会展中心

WWW.COMICCON.COM.CN

微博二维码　　微信二维码

U0343243

图书在版编目(CIP)数据

科幻：海底总动员 / 郑军主编 . -- 天津：百花文艺出版社，2016.7
ISBN 978-7-5306-7012-5

Ⅰ.①科… Ⅱ.①郑… Ⅲ.①海底-普及读物
Ⅳ.① P737.2-49

中国版本图书馆 CIP 数据核字 (2016) 第 154421 号

责任编辑：成全　由高峰　王浩瑄

出 版 人：李勃洋
出版发行：百花文艺出版社
地　　址：天津市和平区西康路 35 号
电话传真：+86-22-23332651（发行部）
+86-22-23332626（总编室）
+86-22-23332478（邮购部）
主　　页：http://www.baihuawenyi.com
印　　刷：天津长荣健豪云印刷科技有限公司
编辑部电话：022-23332408-8820
邮政编码：300051

开　　本：787X1092 毫米 1/16
字　　数：150 千字
印　　张：10
版　　次：2016 年 7 月第 1 版
印　　次：2016 年 7 月第 1 次印刷
定　　价：20 元

投稿邮箱：flowersbooks@126.com

卷首/
儒勒·凡尔纳的文化遗产

19 世纪末，一位伟大的梦想家用他手中的笔，勾勒出一台能下五洋捉鳖的神器——鹦鹉螺号，而我们今天蔚为发达的科技文明就滥觞于此。这位梦想家就是《海底两万里》的作者儒勒·凡尔纳。

昨日归为经典的《海底两万里》与今天我们《科幻 Cube》的第三期《海底总动员》相距已一百多年，这一百多年来人类对深海的认识还不如对火星多。人类穷尽想象，借助生花妙笔、广角镜头、虚拟浮点运算把深邃的海洋世界勾勒得迷醉惊羡，殊不知暗黑深渊下正潜伏着不为人知的暗袭。这也许就是大洋深处的独特魅力。

蓦然回首，科幻祖师爷儒勒·凡尔纳在他的家乡——海港小城南特浸润了浓郁的海洋文化气质，他强烈渴望着畅游蓝水，探索未知的世界。据说年少的凡尔纳曾经跑到海边，和一个船舱服务生互换身份，想以此来实现出海远航的梦想，结果在起航前被人发现，"遣送"回家。从此，凡尔纳遭到了更为严格的管教，不得不向父母做出保证，今后只"躺在床上在幻想中旅行"。历史的机缘和误会，让世界少了一个航海冒险家，多了一位科幻文学巨匠。

儒勒·凡尔纳留下的伟大财富激励了他的另一位同胞——乔治·梅里爱，后者把《海底两万里》转换成镜头语言，这是电影史上的第一部故事片，也是第一部科幻电影。梅里爱将幻想与玄思，神仙故事和海底文明、女神配上美人鱼与更常见的海底生物熔为一炉，呈现在观众面前，成就了至今仍令人回味不已的影像经典。而这些也与我们本次"特别企划"栏目的内容构架相得益彰，当然，大家还会在以乔治·梅里爱名字命名的栏目——"我爱梅里爱"中欣赏到电影艺术所幻化出的地外星球的海洋面貌。

鹦鹉螺号在水下轰鸣，这场"水下盛宴"还远远没有结束，如果觉得不解渴，配上与主题同名的皮克斯动画巨制《海底总动员》续集，你的这个暑期将十分充实。ⓒ

执行主编/成全

主编 / 李勃洋

副主编 / 张森

特约主编 / 郑军

执行主编 / 成全

编辑部

编辑主管 / 由高峰

编辑 / 王浩翊

视觉部

视觉总监 / 任彦

印制总监 / 马振昔

市场部

运营总监 /Renee

销售总监 / 张涛

广告专员 / 朱佳瀛

新媒体部

新媒体总监 / 安子宁

新媒体编辑 / 马畅 王曜宗

影视文学部

版权总监 / 唐嵩

版权编辑 / 边静 李亚子

编辑出版: 百花文艺出版社 (天津) 有限公司

编辑部通信地址: 天津市和平区西康路 35 号天津出版大厦 8 楼

编辑部电话: 022-23332408-8820

投稿邮箱:flowersbooks@126.com

邮编: 300051

主页:http://www.baihuawenyi.com/sfcube

撰稿人

何厚今 ————————

就职于南开大学文学院传播学系, 南开大学优
秀教师。跨界媒体人, 动漫导演, 大型晚会总策
划兼撰稿人。文人, 艺术家。著有《拉斐尔》《陈
少梅》等书。受邀在多家媒体开辟专题栏目。

曹天元 ————————

著名科普作家, 代表作《上帝掷骰子吗:量子
物理史话》是中国科普销量最好的作品之一。同
时他也是 CCTV 首席品牌顾问与自由投资人, 涉
足创客教育和影视传媒等多个领域。

哈立德 ————————

海洋物理学博士, 科普作家、旅行家。《知识
就是力量》杂志编辑兼撰稿人。对科技史、人文历
史广泛涉猎, 近年来关注科学革命及其影响。已
发表科普文章百余篇, 翻译科普书十余本, 进行
科普讲座数十场。

关中阿福 ————————

资深媒体人、怀旧动漫研究者兼收藏家。《变
形金刚纪念典藏 30 年》一书的总策划兼主笔。时
光网、凤凰网、《中国文化报》特约撰稿人。曾任
《看电影》《中国电视动画》《文化月刊》专栏作者。
AC 模玩网品牌顾问。

苗若玖 ————————

科普作家、资深记者、媒体人。科幻电影爱
好者, 常年给《电影世界》《看电影》等杂志供稿,

同时又是玩影网的资深会员。现供职于某著名互联网企业。

老黑 ————————

科幻类游戏研究者。先后为《CBI》《家用电脑与游戏》《大众软件》等杂志撰写评论与周边文化类稿件。目前为游侠网、第1游戏、触乐网和UCG的主力作者。

苏明 宋心荣 ————————

苏明，资深媒体人。热爱军事、科幻。现任《舰船知识》副主编。

宋心荣，军事作家、科幻作家。常年供稿《舰船知识》等刊物。

魏雅华 ————————

科幻作家，中国作家协会会员。他是中国科幻小说文坛最有争议的科幻作家，其作品《温柔之乡的梦》《丢失的梦》都曾经引起过激烈的论战和强烈的争鸣。现从事专业文学创作和时政经济评论，为CCTV经济频道评论员，同时又是国内两百多家报纸刊物的经济、文化专栏作家、特邀记者。

受访人

周文武贝 ————————

中国新生代电影人、独立导演、编剧，美国联合精英经济公司（UTA）签约的第一位华人导演。

率先提出"中国原创，世界代工"的全新国产商业电影制作模式，并在自己的两部作品中加以实践；两部作品也都实现了海外院线上映。特别是其执导的2016年2月上映的国产硬科幻冒险电影《蒸发太平洋》受到了刘慈欣等国产科幻先驱的力推。

赵如汉 ————————

笔名北星。科幻文学作者、翻译者、爱好者，美国纽约州立大学数学教授，现居美国。长期撰文介绍国外科幻动向及科幻奖项情况，影响后辈科幻爱好者甚多。

王瑶 ————————

毕业于北京大学中文系，文学博士。现任西安交通大学教师。以笔名夏笳创作科幻小说而闻名。其作品《关妖精的瓶子》获银河奖。

小说作者

黄海 ————————

黄海，著名科幻作家，星云奖获奖者。生于台中市，在台湾地区的《联合报》做过编辑，后任《侨讯》主编、《儿童月刊》主编、《科学儿童周刊》主编等。退休后入职东吴大学、静宜大学、世新大学教授文学与科幻文学课程。倪匡科幻奖、U19科幻小小说奖等奖项的决审委员。从事文学创作数十年，他的作品涵盖成人文学与儿童文学领域、科幻文学与传统文学文类。他是台湾地区

唯一以科幻作品获得中山文艺奖的作家。

郑军 ————————

著名科幻作家、编剧。星云奖获奖者。科幻文化研究者。出版长篇小说九部、评论著作两部、心理读物四部。现任中国未来研究会科幻分会会长。

郝景芳 ————————

小说作者，散文作者。《东方文化周刊》专栏撰稿人。毕业于清华大学物理系，清华大学经管学院博士生。以《谷神的飞翔》荣获首届九州奖暨第二届"原创之星"征文大赛一等奖，又以《祖母家的夏天》荣获银河奖读者提名奖。2016年4月27日，小说《北京折叠》获第74届雨果奖最佳"短中篇小说"提名。

影三人 ————————

悬疑文学、科幻文学、少儿文学作者。在《男生女生》《新聊斋》《悚族》《冒险王》《智力课堂》等十余家杂志发表各类小说百余篇。曾获"世纪金榜杯"青春文学征文大赛、网易微幻想征文大赛等比赛奖项。著有少儿读物《恐龙奇幻奥数之旅》系列丛书等。

安蔚 ————————

作家、画家、编剧。曾在《科幻世界》《奇幻世界》上发表短篇小说《灯塔》《植物》、My Luck Face等，漫画《灰体》《分解世界》等。

目录 /

特别企划：海底总动员 →

逐鹿深海

作者 / 宋心荣 指导 / 苏明

深海，严格来讲，是指水深 1000 米以下的海区，深海的环境具有高压、无光、水温低、盐度高等特点，因此深海探索具有相当的技术难度。虽然人类早就想进军深海，但因为技术所限，在很长一段时间里，深海都没有人类的踪迹。直到 1948 年，瑞士皮卡德父子设计制造的深潜器下潜到了 1370 米的深度，人类才终于成功地潜入了深海。1953 年，深海探险史上具有划时代意义的"的里亚斯特"号潜水器问世，并于 1960 年潜入马里亚纳海沟深 10916 米处。自此，深海的大门终于被人类彻底打开。随着人类进入深海的技术逐步成熟，国家间的军事博弈开始向这一领域延伸。

在 2009 年上映的科幻动作片《特种部队：眼镜蛇的崛起》中，眼镜蛇组织的军事基地就位于深海海底，最后的决战也在深海展开。这部影片虽系虚构，但它的确反映了水下军事斗争的激烈程度，事实上，自冷战以来，深海就一直是各大国之间竞争的重要舞台。

深海军事斗争首先体现在核潜艇方面。20 世纪 60 年代至 70 年代初期，美苏之间的冷战达到高潮，这一时期，大潜深潜艇的研制成为前苏联海军发展的重要方向之一，前苏联专家认为，核潜艇加大潜深，可以利用水面舰艇声呐在深海的盲区，避开水面舰艇的搜索，有效降低了潜艇被深水炸弹命中的可

"蓝鳍金枪鱼 -21" 正在被放入水中搜寻失联的马航 MH370 飞机

能。正是在这种背景下，685 型核潜艇横空出世，成为第一艘进军深海的核潜艇，685 型核潜艇水面排水量为 5880 吨，水下排水量为 8500 吨。它的最大下潜深度为 1250 米，超过其他任何国家的核潜艇，所以即使被发现，敌方也无法对其实施跟踪和攻击。大潜深潜艇使前苏联获得了相当的战术优势。

深海搜寻和打捞也是大国间深海军事竞争的重要战场，拥有出色的深海搜寻打捞能力，就可以打捞起对手无法打捞的沉没在深海的军事装备，对之进行研究，从而在军事斗争中占得先机。1974 年，美国即利用其先进技术打捞了沉没在 6500 米深海的前苏联 K-129 潜艇，获取了重要的军事情报。在深海搜寻和打捞中，深海无人潜航器扮演着重要角色。在搜寻失联的马航 MH370 航班的过程中发挥了一定作用的美国海军

俄罗斯在 4500 米的北冰洋海底插上国旗

蓝鳍金枪鱼 -21 型自主式水下航行器就是这类最尖端水下机器人的代表。蓝鳍金枪鱼 -21 的外形与潜艇相似，长 493 厘米、直径 53 厘米、重 750 千克，潜水深度 4500 米，最大航速 4 节，在标准负载和 3 节航速下，其续航能力为 25 小时。蓝鳍金枪鱼 -21 可以进行深海搜寻和定位，这意味着它可以较准确地打捞目标。

当然，随着深水潜艇、水下机器人等深海技术的飞速发展，各大国也在深海基地、深海部队等方面展开军事竞赛。未来战争将真正实现上至太空，下至海底的全空域、全地域作战。◐

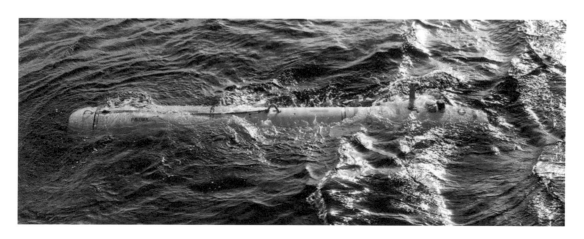

人工鱼礁
承载渔业转型的新希望

作者 / 魏雅华 图片 / 视觉中国

人工鱼礁，被认为是海洋牧场的重要组成部分。如今人们又发现了它的新价值——用于旅游的海洋新景观

浙江宁波为打造生态海洋牧场把三无渔船变身人工鱼礁

《海底两万里》是凡尔纳幻想海洋三部曲的第二部，其中尼摩船长与小伙伴们乘坐超现代载具——鹦鹉螺号，畅游海底，享受着世外桃源般的生活。他们的食物全部来自海中的鱼类、海藻等。能源和船员的生活必需品都来自大海，完全不需要陆地的补给。这只是一百四十多年前作者的"假定"。如果现在，鹦鹉螺号航行到近海，就地取材，情况会不乐观。因为近些年来随着经济发展，人们对鱼类等海鲜品的需求量越来越大，与此同时，近海捕捞日趋面临鱼类资源枯竭、海水污染以及渔业纠纷等局面。海洋与人类之间，面临着在资源问题上更大的纷争和博弈。

日本在1971年提出"海洋牧场"的构想，即着眼于人类的生存需要，在人类的管理下，谋求海洋资源的可持续利用与协调发展。经过数十年发展，"海洋牧场"成为主要海洋国家的战略选择，也成为了世界发达国家渔业发展的主攻方向。"海洋牧场"系指通过有计划地投放人工鱼礁，应用先进的鱼群控制和管理技术，有计划地实施高效捕获。

在人工鱼礁建造的过程中，首要问题就是材料的选用，优质的材料可以为海洋生态系统创造长期稳定的物质环境，同时为人工鱼礁的可持续建设提供可靠的保障。不同类型的材料可用以建造不同类型的人工鱼礁，比如：钢筋混凝土、石料可以用作增殖型鱼礁、渔获型鱼礁、游钓型鱼礁的建礁材料；工程塑料鱼礁可用作浮鱼礁的建礁材料；钢制鱼礁可以作为石块或混凝土等鱼礁的钢制框架或筋材，做成增殖型鱼礁、渔获型鱼礁以及游钓型鱼礁。实际上，除了水泥、钢铁材料的构件鱼礁外，利用沉船改造成的人工鱼礁也在世界各地流行。甚至，报废的坦克、飞机和汽车也被当成了理想的建礁材料。

投放鱼礁到底能对渔业产生多大的经济价值？科学家进行了研究对比，在某海域春夏季投礁一个月后，礁体表面的生物覆盖率达百分之百，三个月后，在鱼礁区域生活的各种海洋生物种类显著丰富，人工鱼礁区的鱼类平均数量达到对照区的三倍以上。为什么这些鱼礁能聚集如此种类繁多的海洋生物呢？一般认为，鱼礁会催生涌升流，将海底低温而营养丰富的海水带上来，促进浮游生物生长，为鱼类提供大量饵料；鱼礁石的表面则会成为鱼卵的附着基和孵化器，缝隙和孔洞则是天然的庇护所。同时，鱼礁能够产生大面积阴影和缓流区，有助鱼群躲避风浪和天敌，对海洋生态系统起到了显著的维护作用。

人工鱼礁建设工程是20世纪开始兴起的海洋渔业生态工程之一，人工鱼礁的建设对整治海洋国土、建设海洋牧场、促进海洋经济持续健康发展等均具有重大意义。除了提升海洋牧场的收获外，人工鱼礁还能够结合不同的海岸景色和生物资源，带动旅游业发展。许多国家已经开始在人工渔礁上订施创意，制造景观出众、富于观赏性的鱼礁群，这些举措正吸引着越来越多的来自世界各地的游客。

河北秦皇岛投放人工鱼礁，为鱼虾搭建幸福"家园"

The Ocean

撩开碧波
畅想海底的奇异世界

作者 / 哈立德 图 / 视觉中国

深海世界自成一体，与地外世界一同不为人知，其神秘莫测、险象环生大大超乎人类的
想象，这是几百年来人开脑洞的又一热区。早在 20 世纪 80 年代初，一部美剧引入中国，调
节了国人的单调乏味的精神文化生活。也许人们不知道，这部名为《大西洋底来的人》的西方
精神食粮却源于苏联科幻作家别利亚耶夫的小说《最后一个大西洲人》，东西方文明的对撞能
用一本海洋科幻小说来桥接，算是大洋两岸人"同一个世界，同一个梦想"的默契配合。

冷战分派东西方阵营，却不影响同开一个脑洞，这种事情并不是孤证。墨西哥人德尔·托罗把东方日本的科幻机甲动漫文化发扬光大，搬到大洋彼岸，于是有了好莱坞叙事格调的《环太平洋》。代表人类深海存在的日版机甲，大战日版"科学怪兽"海怪哥斯拉们，最后告知大家，深海海沟里还有个"虫洞"。科学和科幻在这一刻"环太平洋"的世界里完成大同。不得不说，太平洋海水深处承载人类共同的噩梦。

当然，蓝色水下还有美好事物值得我们去追逐和幻想，"美人鱼"是全世界人们对于"海与美"追求的使然。谁不希望这个世界充满美。

综上，在本次特别企划的题引，我们用了三部大家耳熟能详的科幻影视剧来抛砖引玉，将海水下分别代表人类存在的机械体、神秘生物以及未知文明一一道来，读者可在可读、可观、可想的三重境界下不枯燥地探寻海底世界。

邓超、罗志祥、张雨琦、林允等领衔出演的《美人鱼》

《美人鱼》
海洋生物派来搞笑"特工"

2016 年春节前夕，中国很多城市的公交和地铁站牌上，都出现了一幅以紫色鱼尾为主图的电影海报。如果定睛细看，我们会发现这条鱼尾其实属于一位坐在海边的少女。大年初一，这部由周星驰执导，名为《美人鱼》的科幻喜剧片正式上映，并随即成为春节期间最受欢迎的华语电影。

《美人鱼》的情节并不复杂：白手起家的地产大亨刘轩计划填海以建造新的项目，因为人类破坏海洋生态而艰难求生的美人鱼一族，派出了刺客珊珊接近刘轩，想要通过刺杀这位富豪来阻止填海计划；但就像许许多多的"兵匪恋"故事一样，刘轩和珊珊竟然擦出了爱情的火花，由此衍生出一连串的搞笑事件。这部影片可以视为是对安徒生同名童话加入都市时尚元素之后的另类演绎。

不过，从科幻的视角出发，我们或许可以进行这样一番思考：现代科学已经表明，"美人鱼"其实是古代航海者对儒艮哺乳姿势的误判和以讹传讹；但在海洋深处，是否生活着其他人类尚不知晓的智慧生命？又或者退一步说，目前海洋中拥有最高智慧的海豚、鼠海豚一类的动物，有进化出复杂社会结构乃至建立文明的潜质吗？

相比于难以胜数的太空题材科幻作品，
海洋、特别是碧波之下的世界是科幻影视比较冷门的选择。

怪咖博士舒拔与阳光男孩麦克

《大西洋底来的人》
他是"大西洲"遗民吗？

对于更年长一些的科幻迷来说，即便《环太平洋》里"机甲 VS 怪兽"的战斗如此激动人心，或许也不能让他们找回早年欣赏《大西洋底来的人》时的独特感受。这部在 20 世纪 60 年代由美国拍摄，在改革开放初期引入中国的科幻电视剧集，讲述了一位名叫麦克·哈里斯的神秘人物在海洋中的冒

麦克虽然在水中无敌但是也经常被抓住，最后也要进行各种身体检查

险经历。哈里斯不能长时间离开海洋，但只要碰到水就会获得无穷神力，可以碎金断石；他还拥有操控海洋生物的异能，因而能在与恶势力战斗时获得助力，或者令助纣为虐的生物退离战场。这位来到人间的异人，凭借自己的这些独特的能力，一次次战胜了企图统治海洋的邪恶科学家舒拔博士。

或许是由于总计 110 集的电视剧只被引进了 21 集的缘故，哈里斯的真实身份并不清晰。但这并没有妨碍他成为中国观众最喜爱的科幻影视角色之一，伴随着剧集的热播，使蛤蟆镜、美式飞盘游戏（frisby）和潜泳运动在改革开放之初的中国流行起来。若干年之后，随着与世界交流的广泛和深入，欧美人耳熟能详的亚特兰蒂斯的传说，也逐渐被越来越多的中国人知晓，甚至成为不少中国原创科幻作品的灵感来源。

栖居水下的智慧生命、潜伏海底伺机入侵的外星来客，以及海洋深处的失落文明，这部科幻影视的"戏核"，都是指向海洋及其生物的未知与神秘。

《环太平洋》
深藏海沟的入侵通道

相比于《美人鱼》的轻松幽默，2013 年上映的军事科幻片《环太平洋》，则是一部令人热血沸腾的"硬核"力作。就像此前那些堪称巨制的科幻电影，比如《星球大战》系列和《阿凡达》一样，《环太平洋》也拥有其丰富、细致而又独特的世界观。

在这个时代设定为近未来的世界里，地球上环太平洋的各个国家和地区，都遭到了来自宇宙深处 Anteverse 星侵略者的攻击。名为"先驱"的外星种族运用超空间技术，在母星与地球太平洋深处的马里亚纳海沟"挑战者深渊"之间建立了虫洞桥接，并由此将运用基因工程培育的战斗怪兽传送到地球进行破坏，意图毁灭人类文明后进行殖民。

这些体型巨大的战斗怪兽拥有极高的防御力，只有使用核武器方能消灭，但这也会对怪兽入侵区域的生态造成毁灭性的破坏，并使怪兽体内名为"怪兽氓蓝"的剧毒物质扩散到地球大气当中。因此，人类集结全球机械制造业的精华力量，开发出由特种战士操作的巨大机甲，通过肉搏、电击和

身高可与摩天大楼相比，可以把邮轮当剑使的"流浪者"机甲

机甲驾驶员进场火线

等离子武器等非常规攻击手段，在杀死怪兽的同时避免"怪兽氓蓝"扩散。但面对异星入侵者越来越频繁的攻击，人类机甲遭到了惨重的损失，只得孤注一掷，由机甲携带核武器穿过虫洞，向 Anteverse 星发起自杀性攻击。

　　尽管包括异星入侵者潜伏大洋深处，甚至建立入侵基地元素的科幻作品为数不少，《环太平洋》仍然凭借"海沟虫洞"的设定，带给观众耳目一新的感觉。众多"从海底出击"的地外生命，既是影片编创人员奇妙想象的结晶，其实也正是海洋带给人类神秘感的写照。

被大海隐藏的
"秘密"

海底新世系

作者 / 哈立德 图 / 视觉中国

上天容易，还是下海容易？大多数人都会选择后者，因为人借助外力才能飞上蓝天，而下海游泳似乎不耗费多大气力。但如果把这个问题里的"上天"定义为"飞向外层空间"，"下海"解释为"潜入不见阳光的深海"，那么两者可能同样艰难。航天的艰险自不必说；"下海"之路也并不好走，因为水深每增加10米，就会增加一个大气压。在深海巨大的水压之下，任何微小的疏漏都足以造成致命的危险。正因如此，海洋之下终年不见阳光的黑暗领域，成了人类难以涉足的禁地。尽管深海潜水器帮助人类打开了若干个了解海底世界的"窗口"，但想要了解海下世界的全貌，仍然为时尚早。这种由重重未知所赋予大海的神秘，也就成了若干科幻名作的灵感来源。

智利复活节岛上的人形石像

偏僻海岛的科学"怪杰"

即使暂时不考虑神秘莫测的深海，而将目光收回到海面，我们也仍然能发现诸多与世隔绝的处所。比如位于南太平洋，智利西海岸以西约 3700 千米的复活节岛，就被认为是地球上最与世隔绝的区域之一。除了岛上神秘的石刻巨像之外，土著居民们将岛屿称作"世界中心""地球肚脐"的语汇，也同样让访客们迷惑不解。而在浩瀚的海洋上，因为探测手段局限而难以详尽了解的"盲区"，同样并不鲜见。

虽然"神秘指数"或许不及海面之下的世界，但远离文明世界的孤岛，同样是科幻故事的上佳舞台。在相当多的科幻作品中，都出现了隐居在无名海岛上，并且掌握高超技术的科学"怪杰"。他们利用居所与世隔绝的特点，进行着匪夷所思的试验，或者酝酿着惊世阴谋。

英国著名科幻作家赫伯特·乔治·威尔斯在 1896 年写成的《莫洛博士之岛》，便是一部关于孤岛上古怪科学试验的名作。在这部小说创作之时，现代医学特别是外科手术已经比较完善，外科手术的死亡率显著降低，一些人对外科手术未来的发展满怀着憧憬。《莫洛博士之岛》里通过外科手术赋予动物以智慧，从而让它们成为人类伴侣和仆役的设定，即是当年的人们对外科手术的前景乐观态度的写照。

但在这部作品中，莫洛博士的尝试最终成为了一场灾难。再高超的技术，也终究不能压制自然界千万年的演化史赋予动物的兽性。一旦动物的野性本能冲破技术设下的禁锢，灾难便顷刻降临。于是，赋予动物智慧并被"兽人"们拥戴为神的莫洛博士，最终被兽性复苏的动物们拉下神坛加以杀害。而恢复了兽性的动物，"越来越不愿意被衣服束缚，终于变得

莫洛博士在思考如何将人类基因"转移"到动物身上

海洋之下的世界，
终年不见阳光的黑暗领域，
成了人类难以涉足的"禁地"。
尽管深海潜水器打开了
若干个了解海底世界的"窗口"，
但人类想要了解海下世界的全貌，
仍然尚需时日。
不过，这种属于大海的神秘感，
成了若干科幻名作的灵感来源。

正在返回鹦鹉螺号的尼摩船长和教授

一丝不挂"。威尔斯的这部作品，被认为是"生物朋克"题材科幻作品的早期代表作之一，反映出作者对技术崇拜和人类不再敬畏自然的忧思。

在《莫洛博士之岛》完成的同一年，法国科幻大家儒勒·凡尔纳也发表了他的长篇科幻小说《迎着三色旗》。出现在这部作品里的孤岛，成为了一伙意图统治大海的海盗策划阴谋的巢穴。他们将一位名叫托马斯·罗什的法国化学家劫持到岛上，拿出重金加以收买。这使之前在欧洲各国屡屡碰壁的罗什误以为遇到知音，同意用自己发明的反舰导弹"罗什闪电"武装海盗的据点。海盗凭借这种超越时代的武器，成功战胜了前来围剿的各国海军，即将掌握制海权。然而，一艘法国军舰

上升起的三色旗，终于使罗什幡然醒悟，意识到不能因为之前受过的委屈而背叛祖国。他反戈一击炸毁了海盗岛，为自己之前成为邪恶势力帮凶的行为赎罪。

《迎着三色旗》并不是唯一一部将孤岛与惊世阴谋联系起来的作品；中国科幻作家童恩正的代表作，曾引起广泛轰动的《珊瑚岛上的死光》，就着有与《迎着三色旗》相近的故事情节和精神内涵。

在这部小说里，华侨科学家胡明理因为反战的政治立场，被其侨居的 A 国（原型可能是美国）政府认定为精神病患者，丢掉了体面的工程研发工作。此时，一个名叫洛菲尔公司（原

早期版本《神秘岛》插画，尼摩船长死于神秘岛

儒勒·凡尔纳的《迎着三色旗》法语版封面

型可能是美国洛克菲勒基金会或洛克希德公司）的神秘企业雇用了他，将他安排在一个与世隔绝的珊瑚岛上，化名"马太"进行"纯科学研究"。但胡明理并不知道，他对闪电和激光掘进两方面的研究成果，都被洛菲尔公司的其他技术人员转化成了武器。在小说的结尾，看清真相的胡明理放弃了反战的立场，以激光掘进机的原型机为武器，摧毁了搭载洛菲尔公司代表的 A 国军舰，自己也因为心脏病发作离开人世。

与世隔绝的孤岛上，也并不是只有行事古怪或者疯狂的极端人士。在写作《迎着三色旗》之前大约二十年，儒勒·凡尔纳就通过《海底两万里》的续作《神秘岛》，向读者展示了拥有另一种"气场"的孤岛。《神秘岛》的背景设定在美国南

北战争时期，主角是五位乘坐气球逃出南方军控制区的北方阵营人士。他们的气球迫降在一座在地图上从未标注过的火山岛上，他们不得不运用科技知识艰难求生。而在每一次陷入绝境的时候，他们都得到了一种掌握着强大技术的神秘力量的帮助。

直到小说结尾，这个谜底方才揭开：《海底两万里》的主角尼摩船长，利用一条与大海相连的水下通道，将自己最爱的"鹦鹉螺"号超级潜艇停泊到神秘岛的下方，并选择在此养老。神秘岛上的各位幸存者聆听了尼摩船长的航海回忆和他奇特的身世后，根据他的遗言，将"鹦鹉螺"号击沉在神秘岛之下。

潜航深海的精良机械

想要详细了解《神秘岛》里仅寥寥数语带过的"鹦鹉螺"号，还是要翻开《海底两万里》。自1869年发表以来，这部作品成为了世界上最为著名的长篇科幻小说之一，而且被改编成电影、舞台剧等多种不同的艺术形式。

在凡尔纳写作这部小说的时候，潜艇已经被发明，但大多以人力为动力，潜水深度和可靠性也都很不理想。于是，凡尔纳构想了一艘能够在海洋中永续航行的超级潜艇。它提取海水中的钠，为潜艇上的钠汞电池提供化学反应原料，产生巨大的电能以驱动潜艇前进。在穿越四大洋的冒险中，这艘潜艇甚至曾潜入一万六千米深的海底，以至于艇体在强大的水压下不断发出响声。

今天我们已经知道，地球海洋中最深的一点，是太平洋马里亚纳海沟的"挑战者深渊"，深度约为一万一千米。凡尔纳在小说中使用的错误数据，则要归因于19世纪中叶以铅锤测量水深时，浮力影响导致的误差。像"鹦鹉螺"号那样拥有流线型船体的潜艇，也最多只能下潜数百米；更深的水下世界，则要由专门制造的深海潜水器负责探索。对耐压性能的追求，让深海潜水器不得不选择近似于卵形的外观，水下移动也非常缓慢。而且，由于金属疲劳带来安全隐患，一部深海潜水器能够执行最大潜深任务的次数是很有限的。因此，想要像尼摩船长那样随意潜入深海，并维持高速航行，即便对于今天的人类来说，也仍然是可望而不可即的梦想。

"鹦鹉螺"号表现出来的卓越性能，让它成为《海底两万里》中重要的非人类主角，乃至整部小说的核心。20世纪50年代，美国将世界上第一艘核动力潜艇命名为"鹦鹉螺"号，因为这艘现实生活中的核潜艇，至少接近了凡尔纳设定的永续航行的功能——它每隔数年才需要补充一次核燃料，不必像常规动力潜艇那样频繁地加油。

而在科幻世界里，《海底两万里》和"鹦鹉螺"号也成为经常被引用的"典故"。2003年由美国、德国、捷克、英国合拍的科幻电影《绅士联盟》（又译《天降奇兵》）里，"鹦鹉螺"号被塑造成一艘有着华丽银色外观的拉风巨舰，担任各怀绝技的团队成员的座舰；真实身份为印度达卡王子的尼摩船长，也穿着印度盛装出场。更早一些时候，由日本在1990年根据《海底两万里》和《神秘岛》摄制的科幻电视动画《不可思议的海

第一次让人类潜入马里亚纳海沟"挑战者深渊"的"的里亚斯特"号深海潜水器

之娜蒂亚》（又译《海底两万里》或《蓝宝石之谜》），甚至将"鹦鹉螺"号设定为一艘使用反物质引擎驱动、航速高达108节的潜艇。它的动力技术来源于古代亚特兰蒂斯文明的轻型行星间亚光速宇宙船，将尼摩船长与"失落帝国"亚特兰蒂斯联系起来。这些独到的改编，令观众们印象深刻。

除了"鹦鹉螺"号，科幻世界里第二有名的潜艇，或许就

美国海军"鹦鹉螺"号核潜艇进行首次海试

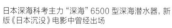

日本深海科考主力"深海"6500 型深海潜水器，新版《日本沉没》电影中曾经出场

神盾局的天空母舰

是美国漫威漫画公司为超级英雄团队"复仇者联盟"构想的"天空母舰"。这艘海陆空三栖的高科技航母，是虚构机构"神盾局"（S.H.I.E.L.D国土战略防御攻击与后勤保障局）的作战指挥部。它可以像潜艇一样潜入水下或浮出水面，船舷两侧装备的四个巨大的涡轮引擎，为之提供垂直方向上的动力，让这艘巨舰在水面上完成垂直起降；即使损坏一个引擎，它也依然可以保持高度。而船尾端的两部联装式喷射引擎，则为它提供水平方向上的动力。在与"复仇者联盟"有关的诸多作品里，都出现过这艘巨舰的身影。

出现在科幻作品中的水下交通工具，不仅有潜水艇，还有深海潜水器。日本科幻作家小松左京的代表作《日本沉没》，就对深海潜水器在海洋探测中的作用和价值有着精彩的刻画。《日本沉没》的背景设定在当代，因此小说中的机械设定也大体基于现实。主角田所雄介博士是一位地球物理学家，他根据地震的观测数据，推断日本列岛将会有重大灾害发生，于是拜会驾驶深海潜水器的潜航员小野寺俊夫，并与助手幸长信彦助理教授一起，乘坐深海潜水器到达伊豆冲海底，发现海底出现异常的龟裂与乱泥流。这次实地探访让田所收获了最直观的数据，并据此发现日本列岛面临着史上最糟糕的局面——即将沉入海底。

《日本沉没》发表之后，曾两次被改编搬上银幕。2006年的新版本电影，对原著的结尾进行了大幅修改：田所博士找到了拯救日本的方法——用威力仅次于核弹的特制高爆炸弹炸断一部分地壳，使日本列岛不被自己所在板块的运动"拖下水"。但前去安放引信的最新式深海潜水器不幸失事，短时间内难以再造一艘。小野寺俊夫凭借丰富的经验，认为一艘博物馆里的老式潜水器有可能暂时超过规定潜深，便自行修复了这艘退役多年的潜水器，又驾驶它完成了安放引信的任务，自己也因为潜水器发生故障无法再上浮而牺牲于海底。

中国科幻作家刘慈欣发表的第一篇科幻小说《鲸歌》，则设定了一种"非主流"的水下交通工具——一头大脑中被植入电极供人驱使的蓝鲸。在这篇小说里，一位因为官方放弃科研项目而失业的科学家，带着一头可以"遥控"的蓝鲸加入了贩毒集团。蓝鲸是世界上体型最大的动物，这名科学家利用它巨大的嘴巴，安放了一只可以运载两个人和一吨货物的特制小舱，成功带着大量毒品突破了美国政府的海上缉毒封锁线。但

新版《日本沉没》海报　　　　　《2012》世界沉没比日本沉没更可忄

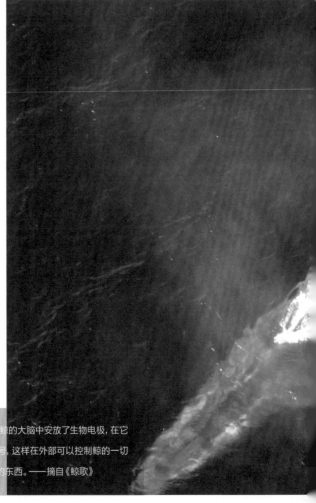

"鲸不是鱼，它是海洋哺乳动物。您只要把钱付给我，我已在那头鲸的大脑中安放了生物电极，在它的大脑中还有一台计算机接收外部信号，并把它翻译成鲸的脑电波信号，这样在外部可以控制鲸的一切活动，就用这个装置。"霍普金斯从口袋中取出了一个电视遥控器模样的东西。——摘自《鲸歌》

在归途中，这条不会引起警察注意的蓝鲸，却被非法捕鲸者追踪和猎杀。小舱中的科学家和贩毒集团首领，也在这场"黑吃黑"事件中殒命。

　　这篇刘慈欣的早期作品，有一个非常明显的笔误：蓝鲸被猎杀时，科学家命令重伤的蓝鲸紧急吐出小舱，但因为事发突然加之蓝鲸已经失控，小舱的外壁被蓝鲸的牙齿刺破，这成为了科学家和贩毒集团首领殒命的关键原因。但作为须鲸的蓝鲸，牙齿早已退化。多年以后，刘慈欣在其长篇代表作《超新星纪元》的后记部分，将自己的女儿刘静设定为未来的历史学者，再借一位批评"不负责任的历史学研究者刘静博士"的人士之口，对《鲸歌》中的这一错误进行了自嘲式的修正。

迪士尼动画《亚特兰蒂斯：失落的帝国》

碧波深处的远古文明

在天空中，飞机的速度和高度可以超过所有鸟类；在地面上，汽车和火车的速度可以超过最善于奔跑的动物；但无论在海面上还是海水中，人类最优秀的船只和潜艇所能达到的速度，都难以超过一些游动速度最快的动物，比如剑鱼、旗鱼和海豚。水体巨大的密度，是提速的最大挑战。为此，人类在运用仿生学寻求解决方案的同时，也开始对目前的技术路径是否正确产生了怀疑。

在讨论不明飞行物（UFO）、地外文明和隐匿动物等话题的媒体上，时常会出现关于"不明潜水物"（USO）的目击报告。这些物体可以在海水中以惊人的速度游弋，而且看起来不属于任何已知的海洋生物或者人类机械。虽然大部分 USO 现象都被证明是对海洋生物或其习性的误判，以及航海幻觉或者都市传说，但仍有一部分 USO 现象的原因难以索解。于是，有人猜想这些 USO 可能是外星文明派往地球并潜伏在水下的星舰；而一些信奉"地球空心学说"或类似理论的人士，则相信地球内部或大海之下潜藏着某种超级文明，USO 则是他们刺探地表文明发展程度的哨兵。

17 世纪末和 18 世纪中叶，英国著名天文学家埃德蒙·哈雷和瑞士著名数学家莱昂哈特·欧拉分别提出了"空心地球"的模型，认为地球内部别有洞天。而在古希腊时代，"哲学之祖"柏拉图就已经在他的著作中，记载了拥有高度文明，却因为自然灾害沉入海底的"亚特兰蒂斯"（大西洲）的传说。如今，"大西洲"的确切位置仍然无法确定，"地球空心学说"也难以证实或证伪。于是这些事实与猜想的夹缝地带，就成为了孕育科幻佳作的温床。

就像《不可思议的海之娜蒂亚》的改编思路所体现出的那样，关于"亚特兰蒂斯"的传说，同样是人们耳熟能详的科幻"典故"，以此为题材的作品也不胜枚举。苏联科幻作家亚历山大·别利亚耶夫的《最后一个大西洲人》，就描写了一个阶级矛盾和自然灾害交织的大西洲帝国毁灭的过程。在大西洲因为火山爆发沉入海底前夕，逃难的人们乘船离开了家园，王室在登陆非洲后不知所踪，贵族、祭司和平民则因不能耐受艰苦的海上生活大批死亡。只有一位老祭司和一名因为参与奴隶起义而被追捕的囚犯逃出生天，抵达了今天属于法国的布列塔尼海岸。由于天气寒冷，老祭司很快患病死去；囚犯以亚特兰蒂斯人的葬仪埋葬了老祭司，自己则成了"最后一个大西洲人"。他将钻木取火的技术和青铜工具传给布列塔尼的土著，成为启迪他们心智的先知。

而在更多关于亚特兰蒂斯的科幻作品里，亚特兰蒂斯成

了在水下延续发展的文明。迪士尼的科幻动画电影《亚特兰蒂斯：失落的帝国》，就基于这一设定展开故事。在这部影片里，亚特兰蒂斯文明依旧在海中存在着，而且保存了在现代人看来匪夷所思的高超技术，直到 20 世纪被美国的探险者们发现。

不过，亚特兰蒂斯的传说，也并非水下文明题材科幻作品唯一的灵感来源。中国女科幻作家凌晨创作过名为《无处躲避》的短篇作品，描述了人类与一个早已存在于海底的智慧种族在海边进行谍战的片段。故事中，海底人将一位特工的意识装入地球女人的躯体，使之以"计算机系统清洁工温迪妮"的身份混入人类社会。温迪妮带着一只薮猫为计算机房捕鼠，伺机刺探人类科技情报。随着人类躯体寿命将尽，上级命令她通过手术将自己的意识转移到另一个人类的身上，以新的身份继续潜伏于人类社会；而此时她却因为目睹了一位战友的死亡，认为自己只是被利用的棋子，想回到海底的家乡。

除了亚特兰蒂斯以外，海底还隐藏着其他未知的文明遗迹

这个故事后来被另一位女科幻作家阮帆（远帆）扩写，成为长篇军事科幻小说《暗流汹涌》，更为全面地展示了人类与海底人之间的争斗。在这部作品中，未来人类已经进入了对海洋资源的大规模开发时期。海底人中的一部分因为对人类开发海洋不满，开始准备反击人类的军事力量，战争的阴影笼罩海疆。海安局中的强硬派视海底人为大敌，决意报复，命令特别行动队队长斯蒂文追捕海底人安插在人类中的间谍；与此同时，反对战争并主张人类与海底人和平相处的几个年轻人，也在为阻止战争、拯救人类与海洋而努力。

中国科幻作家长铗的《扶桑之伤》，则以中国古代典籍中对神秘巨树"扶桑"的记载展开故事。在小说的开篇，一所高级中学里转来了一位名叫金小蔚的女学生。她的身体远比同龄女孩更为成熟，而且生物钟异于常人，时常需要在白天睡觉，因此经常迟到；而在学校里，她也常有怪异的举动，比如在生物课上突然向老师提出关于生命本质的问题，为语文课本上《精卫填海》的故事哭泣，并且对同学宣称"我的一天只有 22 个小时"。原来，这个女孩并非和我们一样的人类，而是属于一个称得上人类"表亲"的远古智慧种族。

"下有汤谷，汤谷上有扶桑，十日所浴。在黑齿北，居水中，有大木，九日居上枝，一日居下枝，十日涉大川。"这段神话传说里，被长铗赋予了另一种解释：十万年前的地球上，曾并存有十个智慧种族，其中九个生活在陆地上，已经发展出高度的文明，甚至掌握了基因工程技术；剩下的一个生活在海里，是只有文明萌芽的现代人类祖先。九个陆地智慧种族肆意排放温室气体，导致了一场席卷全球的大洪水。文明毁灭之际，其中一个智慧种族将自身的基因写入了扶桑树基因组的"垃圾编码区"，也就是对树木发育不产生任何影响的基因组区域，用这种特殊的方式实现自保。不想光阴流转，高大的扶桑树也在九个陆上智慧种族覆灭之后灭绝；原本居于海中的人类先祖登上了陆地，成为世界的主宰，重新进化出文明。在尝试复活扶桑树的研究中，一位科学家发现了这段被精心储存的基因编码，并以此"制造"出了金小蔚和一个名叫阿泰的男子。

由于远古时代的地球自转速度比现在略快，金小蔚身上来自于远古的基因，决定了她独特的与众不同的生物钟。这篇取材于中国古代神话的科幻小说，为我们展示了水下远古文明的另一种可能性。

《深渊》中的高等智慧来客

计算机游戏《深海争霸》中的硅族基地

波涛之下的异星访客

辽阔而又深不可测的海底世界，不仅有可能成为子遗文明的居所，也是天外来客隐匿行踪的绝佳选择。与世隔绝的孤岛，极地厚重冰层之下的冰海，以及终年不见阳光的海底深渊，都可能是这些外星访客的栖身之所。

20 世纪 70 年代末和 80 年代初，中国曾经出现了一批探讨"文化大革命"对人性影响的"伤痕文学"和"反思文学"作品。其中，中国科幻作家金涛的《月光岛》，是比较独特的一篇。《月光岛》的舞台背景是一座中国南海上的孤岛，岛上只有灯塔管理员——梅生，是真正的人类，其余三十五名岛民则是伪装成人类渔民的天狼星科考队员。梅生曾与导师孟凡凯教授共同研究能让死人复活的药物，但"文化大革命"爆发之后，孟凡凯受到冲击被捕入狱，女儿孟薇被逼投海自杀，遗体漂流到月光岛，恰好被发配至此的梅生救活。梅生与孟薇逐渐产生了感情，但在强调出身的环境下，为了梅生

的科研之路不受阻碍，孟薇最终决定跟随天狼星人一起前往异星度过余生。

而那些潜伏在海下的异星来客，则演绎出更为精彩的故事。由詹姆斯·卡梅隆执导的美国科幻电影《深渊》，讲述了一次核潜艇事故的救险行动遭遇海底文明的经历。当人类在深海遇险无计可施的时候，掌握高超技术并精通水性的海底智慧生物出手拯救了他们，使这次救险任务得以成功。

在科幻小说中，以潜伏水下的外星智慧生命为题材的作品也不鲜见。中国科幻作家程嘉梓的《古星图之谜》里，就出现了流落地球四千多年之久的外星探险者。在这篇小说里，三峡水利枢纽工程的工地上发掘出了一座有趣的汉墓。墓主吕迁曾经研究过天文学，他在旅行途中遇到一只自己拱出地面的铜球，于是将铜球上的星图临摹在丝帛上。现代天文学家发现，这幅星图描绘的星空与人类熟悉的样貌大相径庭，显

在我们人类居住的地球上、外星高等智慧生物到底藏在哪些未知海域呢?

然不是以太阳系视角绘制的。进一步的分析表明，它描绘的是在天苑四恒星（波江座 ε 星）附近看到的宇宙。与此同时，西陵峡附近出土了一枚宇宙火箭，其顶部就是吕迁曾遇到的那只铜球。三年之后，一艘中国科考船在西沙群岛遇险。在救险过程中，人们无意间发现了那枚古代火箭的主人，三位来自天苑四星系埃波斯纳行星上的外星宇航员。原来，火箭上的铜球是一个视频数据库，记录着埃波斯纳行星忽视环保导致的生态灾难，以及不得不派出宇航员寻找新家园的经过。三位休眠四千多年的外星宇航员被唤醒，带着地球的植物种子和动物胚胎返回了家园。

如果说《古星图之谜》里的外星人是和平使者，宋宜昌的《祸匣打开之后》描绘的则是类似于潜伏特务的外星入侵者。这些来自银河系外大麦哲伦星云贝亚塔星的高级智能生命体"西米"，在数百万年前因为母星资源耗尽而侵入银河系。它们飞向各个适合自身繁衍的行星，其中一队（十三个）西米来到地球并进入休眠，潜伏于南大西洋之下，准备在地球完全成熟时加以占据。在一次强烈地震中，西米被海底火山爆发的震动惊醒，随即向人类发起全面进攻。人类付出了极为惨重的代价，最终依靠来自仙女座大星系的智慧生命贾杜金的支援，方才遏制了西米的进攻。

如果人类文明业已衰退，那么来到地球的外星访客则有可能站稳脚跟，甚至在海下建立起庞大的海底城市。2000 年发售的科幻游戏《深海争霸》，就描绘了一个这样的未来世界。2047 年，一颗巨大的彗星撞击了地球，全球海啸几乎摧毁了几乎所有的陆上居民点。幸存的人类只能在水下居民点里苟延残喘，但仍然分裂为两大阵营，开始争夺被彗星带到地球的一种名为"Corium-276"的资源。然而，随着彗星降临地球的，不仅有资源，还有来自外星的硅基智慧生命体。他们在海底修建了半生物半机械的基地，并开始进攻人类幸存者，在满目疮痍的未来地球上掀起了一场三方混战。

拥有智慧的海洋生物

浩瀚的海洋，不仅隐藏着外星来客或者失落的远古文明，更有可能是神秘动物的居所。由于海面极为辽阔，深海环境更是难以探测，为数众多的海洋生物尚未被人类所认识。古往今来，许许多多的航海者记录下他们遭遇的种种"海怪"。虽然这些报告有相当一部分已经被证明是对鲸、鳍脚类海兽、海蛇、章鱼、乌贼等海洋动物的误判，或者纯粹出于虚构与臆想，但也有一部分报告既离奇又难辨真伪。甚至有人相信，一些已经被认为灭绝的史前动物，也极有可能在深海中尚存孑遗。1938 年，人们在非洲东南沿海发现的矛尾鱼（拉蒂迈鱼），是唯一一种繁衍至今的总鳍鱼类；而在此之前，生物学界普遍认为总鳍鱼类已经灭绝。

历史上的"海怪"目击报告，乃至航海者迎战"海怪"的经历，为众多科幻恐怖片提供了充足的灵感。在搜索引擎上以"海怪电影"为关键词进行检索，我们可以轻易找到大量这方面的影片；章鱼、巨型鱼类乃至远古的蛇颈龙等海洋动物，都有可能被选作"海怪"的原型。

在海中发现"活化石"动物的实例，同样有可能给科幻创作带来灵感。美国科幻作家雷·布雷德伯里的中篇名作《浓雾号角》里，就出现了一头不知活过多少年月的海生巨型恐龙。这头孑遗的远古爬行动物，已经很难寻找到配偶延续种群。在一个大雾之夜，它误将灯塔发出的提醒船只的雾角当成了同类的叫声，求偶未果之后摧毁了灯塔，怅然若失地回到深海。

除了以海洋隐匿动物为题材的作品，还有一类关于海洋生物的科幻作品同样激动人心，那就是围绕海生智慧生命展开的思辨。这一类科幻又可以分为两个支系：其一是人类改造自身以适应海洋环境，其二是动物被改造之后成为新的智慧物种，与人类分庭抗礼，甚至主宰地球。

中国科幻作家韩松的《红色海洋》，即是第一类作品的代表。在这部风格诡异而意义深刻的长篇巨著里，未来的世界大战已经重创了陆地生态系统。残存的人类用基因工程进行了大量的尝试，最终把自己改造成如同鱼类一样的水栖人，

同时把蓝色海洋改造成红色，使之适应人类下海生存。随着时间流逝，海生人类退化到部落形式生活，身上的文明痕迹逐渐消失，乱伦、丛林法则和同类相食成为常态。一些海生人身上还出现了种种古怪的变异，这都使他们在适应深海生活的同时，也变得更加不像人类。韩松从黑暗而血腥的"现在"一步步倒叙，逐渐追溯到科技界着手培育水栖人的时代，体现出强烈的现实警示意义。

日本作家安部公房的《第四冰河期》，也有相当一部分内容涉及水栖人的培育，只不过其动因变成了地球气候的变迁。在这部小说里，日本计算机专家胜见博士发明了可以进行预

超级海洋智慧巨兽哥斯拉，真是一种刀枪不入的生物吗

据说神秘的尼斯湖水怪也来源于海底深处的"时空裂缝"

白鲸拥有人类未知的智慧。人类在看白鲸，还是白鲸在看人类

假如陆地消失，人类会进化成"海豚人"吗

言的计算机，尝试预言一个普通人的未来，测试对象却匪夷所思地被杀。与此同时，一家医院以高额奖金吸引孕妇前来进行人工流产，以便为培育水栖人的研究所提供科研素材。很快，胜见博士自己也被隔离起来，因为预言计算机已经预见到了未来气候变化导致全球海平面上升的局面，而胜见博士总是基于现在考虑未来，因而被未来的自己认定不能适应水栖人社会，必须处死以免酿为祸患。在被处死之前，他通过预言计算机看到了地面文明灭亡和水栖人文明兴起的过程。

将海洋动物改造成为智慧生命的设定，在科幻小说中同样并不鲜见。中国科幻作家王晋康的《海豚人》，就讲述了未来人类的逐渐妥协。这部小说有一个和刘慈欣《超新星纪元》相近的开头：一颗人类从未了解的超新星突然爆发，杀死了地球表面的所有人类，只有恰巧待在地下矿坑、科研深井和水下核潜艇中的人员得以幸存。美国海军核潜艇艇长拉姆斯菲尔成为了总计大约两万名幸存者的领袖，但这些幸存者中只有五名女性，而且包括一位无法生育的老妪。女生物学家覃良笛运用自己的专业知识，让五位女性幸存者都怀上了四胞胎，以图延续人类文明。

然而，超新星爆发之后残留的辐射，仍然威胁着幸存者们的健康，地表环境已经不适合生存。覃良笛改造了一些胎儿的基因，使他们成为有脚蹼和鼻瓣膜的"海人"，以便长期生活在海里来躲避辐射，拉姆斯菲尔也为保证人类的延续而支持这一计划。但人类的躯体并不适合高速和长距离游泳，"微调"也无助于完全解决海中生存的问题，因此覃良笛决定提升海豚的智能，让"海豚人"成为人类文明的继承者。这种激进的做法，连拉姆斯菲尔也无法接受，因此他被覃良笛送入了冬眠状态。270 年后，海人和海豚人遵照覃良笛的遗嘱，将

深海远古海怪想象图

拉姆斯菲尔解冻。此时，其他的纯种人类早已消失，海豚人发展得极为繁盛，海人则只有数千名，在海豚社会中担任名为"驭手"的角色，负责一些必须使用十指方能完成的精密工作。拉姆斯菲尔无法接受这样的局面，企图用核潜艇使海人成为统治阶层。但他最终理解了海豚人信奉的和平主义哲学，并因为一件外星生命遗留在地球上的装置而长生不死，成为海豚社会中的知识守护者。

捷克斯洛伐克作家卡莱尔·恰佩克的代表作《鲵鱼之乱》，也围绕人类为海洋生命赋予智慧这一设定展开故事，而且蕴含了更为深刻的哲理。《鲵鱼之乱》写于法西斯主义甚嚣尘上之际，书中的很多情节设置，都意在提醒人们对法西斯主义防微杜渐，以免养虎为患。

在这部作品中，一位船长在印度尼西亚发现了一种能直立行走，而且已经出现语言萌芽的智慧鲵鱼。船长教会鲵鱼讲人类的语言，而且将它们训练成采珍珠的工人，并帮助鲵鱼捕猎鲨鱼。鲵鱼的种群迅速发展壮大，有军旅经历的鲵鱼头领安德烈·许泽（原型是阿道夫·希特勒）决定向人类索取生存空间，让人类将一部分陆地炸沉变成浅海，供鲵鱼繁衍生息。世界各国的代表为应对鲵鱼的战争威胁召开了会议，依次陈述本国对这一问题的立场，中国代表最后发言。但由于会场里的其他代表都不懂中文，大家决定牺牲中国的领土来满足鲵鱼的野心，将南京以北直至淮河，以西直至鄱阳湖的区域炸沉割让给鲵鱼。上千万中国百姓因此丧生，诸国皆漠然置之。恰佩克在小说里很明显地将矛头指向德国法西斯主义和不作为的西方各国政府。最后通过作者幻想的鲵鱼统一体的互相残杀，导致自身瓦解，人类才出现复苏的希望。

不幸的是，就在恰佩克离世的同一年，小说中的这段情节在他的祖国成为了现实。1938 年，为了安抚希特勒的野心，将纳粹祸水东引使其攻击苏联，英法两国实行绥靖政策，在慕尼黑会议上将捷克斯洛伐克的苏台德地区割让给了纳粹德国，此后又坐视纳粹德国吞并了整个捷克斯洛伐克。这两记政治昏招使纳粹德国得到了大批精良的武器和军工企业，拥有了更强大的战争潜力，最终成为了第二次世界大战的策源地。

人与海，说不尽的"福祸相倚"

从玛丽·雪莱创作《弗兰肯斯坦》算起，人类的科幻史已有将近两百年。在这近两百年间，以海洋为题材的科幻作品，可谓汗牛充栋。很多"海洋科幻"作品都在字里行间蕴含着深刻的哲理，每每引人深思。

在科幻世界里，海洋以博大的胸襟，包容了科学怪杰、隐匿动物、天外来客、失落文明，以及分别属于它们的引人入胜的故事。但在这些作品之外，一些作者开始不满足于仅仅将海洋当作故事发生的舞台，而是将海洋引为作品的主角。《索拉里斯星》里"真伪莫测"的智慧海洋，以及它带给人类探险者的心灵震撼自不待言；另一些以海洋本身为主角的科幻，更是聚焦于海洋和人类"福祸相倚"的主题，以澄澈洞见将读者带入哲学思考当中。

对于海洋来说，人类的能力仍然是孩子级的

美国科幻作家小库尔特·冯内古特的黑色幽默科幻《猫的摇篮》，就是表现这种"福祸相倚"的代表作。冯内古特曾在第二次世界大战中亲历盟军对纳粹德国的战略轰炸，这让他意识到人类对武器威力的追求总有一天会毁灭自身。在《猫的摇篮》中，一位曾参与原子弹研制的物理学家哈尼克博士，发明了一种名叫"冰-9"的水同分异构体，能使水在常温下凝固。哈尼克死后，他的孩子们分配了已经制取好的"冰-9"，长子弗兰克将自己的这一份献给一位加勒比海岛国的统治者蒙赞诺，成为岛国的高官。这个岛国里流行一种由谎言和恶搞构成的宗教"波哥依教"，其领袖与蒙赞诺貌似不睦，实际上却互相利用，而"冰-9"成为绝佳的威慑武器。但在一次意外事故中，一些"冰-9"不慎泄漏，令全球的海洋迅速凝结成冰，人类也随之走向灭亡。《猫的摇篮》里这些黑色幽默的情节，正是对现代人愚蠢、冷漠和盲目技术崇拜的辛辣讽刺。

中国科幻作家潘海天的《生命之源》，同样蕴含着深刻的思考。与陈楸帆用文言写成的《宁川洞记》类似，《生命之源》也是一个关于"造化疏漏"（时空组合错乱）的故事。在这篇小说里，收藏古董的主人公得到了一只绰号"海眼"的神秘陶土罐。它只有十多厘米高，里面的水却永远不会干涸，而且深不可测。随着时间的流逝，罐中的水不断发生变化，从黑色转为蔚蓝色的纯正海水，又变成清凉的溪水。忽有一天，罐子里的水变成了墨绿色的史前海水，而从中伸出一只黑色的利爪。这些神秘的事件令主人公非常恐惧，他意识到这个陶罐远非自己所能拥有，便将它投入了大海。

这个故事显然意在提醒人们，尽管科技已经高度发达，但在我们生活的这颗星球上，特别是浩瀚辽阔的海洋中，仍然蕴藏着诸多谜团。在很多时候，海洋本身甚至更类似一个庞大的生命体，以亘古以来的睿智，冷眼看着人类，无论是个体的死亡，还是文明的兴衰。海洋所散发的这一独特气场，也正是海洋题材科幻吸引读者的魅力所在。

人类创作科幻作品的历史仍然在延续；各国科幻作家笔下的海洋，也将拥有更为多元的形象，这些作品和形象既令读者为海洋的博大所震撼，也启迪人们对生命本源进行思考。而在现实生活中，从污染物的肆意排放，到海洋动植物遭受的生存威胁，人类与海洋的"福祸相倚"，更是一个必须面对的话题。将海洋看作是可以不断索取资源和包容废弃物的处所，忽视"海洋健康"的看法，都在发生着积极的改变。◪

人海合一。位于马来西亚沙巴州东海岸的仙本那，那里的独木舟和棚屋已经发展成著名的海底旅游中心

《生命之源》中的"海眼"陶土罐也许就静静地躺在未知的海底上

海底两万里
回望动画片中的大洋历险

作者 / 关中阿福

从动画大作《海底总动员2》的热映来看，以海洋大战为主要内容的《阿凡达2》在明年可能再度刷新全球影史票房纪录。再加上中美最新敲定的商业巨制《海底两万里》，以及凭《踏血寻梅》斩获香港金像奖的导演翁子光即将执导的《太平洋大逃杀》，一时之间，海洋再次成为电影界的淘金乐园。"下海淘金"何以备受科幻题材电影青睐？也许从美国海洋生物学家西尔维·埃勒那句名言中可寻答案："有一种错误观念认为我们已经征服了海底，而事实是我们关于海底的知识还不如火星的多。"

相比太空，人们对海洋的感情更为复杂微妙。对于人类数百万的历史来说，遥远的太空意味着日月穿梭、斗转参横，而面对近在咫尺的大海，它的波兴涛落和深不可测纵使胸怀征服之心的人类心驰神往，然而注定却摆脱不了"望洋兴叹"的命运。或许这就是东西中外的动画人都对这一题乐此不疲的原因吧。沐浴着清凉的海风，放暑假的热浪又扑面而来，让我们揣着碧波荡漾的好心情，再次重温那些年关于"大洋历险"的动画时光吧。

中国篇

20世纪50年代，以上海美术电影制片厂为代表的国产动画片蓬勃发展起来，其中，极具民族特色的剪纸美术片大放异彩，因此，有海洋元素的动画作品也都被打上了这一层烙印。

1959年的《渔童》及1963年的《金色的海螺》都属此类。这一影响甚至延续到八十年代出品的《丁丁战猴王》和《八仙与跳蚤》。追求抽象神似以表现大海的神奇瑰丽，颇具意境之美。而另一方面，用更为细腻写实的手法来呈现海洋的波澜壮阔及气势磅礴，则在1964年的《大闹天宫》一片中开始显露无遗。这些动画将古代中国的神话故事很好地加以表现，但是没有和科幻方面更进一步结合，发展出系列作品，不得不说也是一种遗憾。这从一个侧面反映出了当时的科技水平与后文将有所介绍的日本与欧美动画作品的差距。

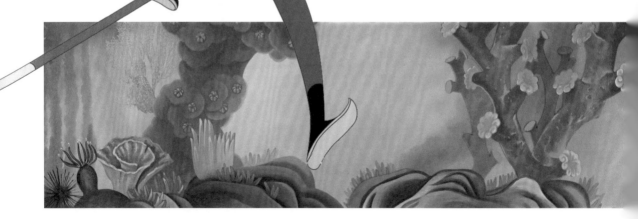

1961 年：《大闹天宫》
——龙宫借宝华丽开场

"大闹天宫"是古典名著《西游记》中的浓墨重彩的一笔，实际上，这一华章的首场重头戏"大闹龙宫"，就精彩程度而言丝毫不逊于"灵霄殿之战"。在 1961 年完成的《大闹天宫》中，水晶宫殿、珊瑚奇石、东海龙王、虾兵蟹将，中国古代建筑及神话角色的浓郁本土之风得以淋漓尽致地展现，至高潮处京剧鼓点的精准配合，使闹龙宫的大戏节奏感十足。特别值得一提的是，《西游记》原著中的金箍棒中段其实是乌黑的，但《大闹天宫》从美工的角度做出了改动，其后几乎所有画书中的金箍棒也都随之变成了橙红搭配。很多人想象中的金箍棒也都是这样的一种配色。"龙宫借宝"也由此成为《西游记》影视化史上"机设"的起点和标杆。

1980 年，美影厂推出新作《丁丁战猴王》，故事可以看作是当年"大闹天宫"的番外篇。同样有"上天揽月"和"下海捉鳖"的内容。孙悟空和金箍棒的造型与"61 版"如出一辙。只是在这一次的海洋大战中，猴哥不仅没讨到任何便宜，而且还在小男孩丁丁掌控的先进科学技术面前连连吃败仗。在丁丁的海底飞船的红外感应灯面前，猴王纵然变化多端也一一现出原形。最终，大师兄还

被船底伸出的机械手臂拿获，险些被无缝对接的海洋食品自动流水生产线加工成了墨鱼罐头。片中基因农业所种植出来的水果新品种、微电子世界所呈现出来的神奇与奥妙，都让老孙大开眼界，最终心悦诚服地拜倒在知识的圣殿下。

1979 年：《哪吒闹海》
——海洋神话巅峰之作

作为第一部国产彩色宽银幕动画长片，也作为第一部在法国戛纳参展的华语动画电影，《哪吒闹海》一经问世，便得到海内外动画同行的广泛盛赞。本片构造出一个梦幻般的海天世界，不仅绘制精细，而且色调唯美。"暴打夜叉""水淹陈塘""大闹龙宫"等段落高潮迭起，本片用最美轮美奂的动画语言把"排山倒海""兴风作浪"的视觉传达演绎到了极致。

《哪吒闹海》出品的年代非常特殊，其时正值改革开放初期，因此片中固然还有着"除暴安良匡扶正义"等一些直白的说教色彩，但已能够用较为客观的态度来表达理性诉求。龙王呼风唤雨为害百姓和哪吒降伏海妖形成的鲜明对比，其实正是对中国"水能载舟亦能覆舟"的海洋文化逻辑的最生动的体现。而在惊涛拍岸浊浪滔天的交加风雨之

东海龙宫

中，哪吒横剑自刎剔骨还父的一幕，即使到了今天，仍然是一个难以超越的动画艺术高峰。哪吒这一壮举，让改革开放后的第一代中国动画观众直接面对了生死抉择，这对于当时的动画片领域来说是不啻石破天惊。即便以今天的眼光来看，当时的思路也相当前卫，即动画电影的观众是全年龄段，而非只是面向儿童。更难能可贵的是对于非成年观众，本片也有效地启发了关于人生观价值观的深刻思考。

1987 年：《旗旗号巡洋舰》——玩具们的大航海时代

根据"童话大王"郑渊洁同名童话改编的 16 集电视系列木偶剧《旗旗号巡洋舰》是中国动画史上鲜活灵动的一段"佳画"。这部木偶剧主线在大海上展开：一群小玩具面临着大水的威胁，听说在海洋的远方有一个童童港，那里是小动物和玩具们的乐园。于是，在舰长电动狗的指挥下，铁皮警察、小蜡兔、木头象、泥猪、瓷娃娃、橡皮鸭、小布猴、小老鼠比克等各司其职，毅然驾驶旗旗号巡洋舰向童童港出发。在克服航海中的重重艰险之后，他们终于抵达了目的地。这是国内第一次以童话片的形式向小观众介绍军舰知识。本片对巡洋舰的内部构造及机器设施的功能，包括人员配置及工作流程，都有详细的描述，既生动又有趣。这也是国内电视台第一次通过木偶剧来展现航海航行。定航线、打旗语、斗海盗、搏风浪、添补给，本片将航海知识一一向小观众娓娓道来，不啻为一场生动的航海科普课。

特别值得一提的是，这部作品系国内电视业界首次以电视手法，打破木偶剧惯常设立的舞台台口，运用立体布景、多机位、分镜头单机拍摄。以现在的标准看，可以将本片定义为一部准特摄片。

无论是舰船功能应用还是海况的复杂以及出海的危险，都在特效的助力烘托下显得极其逼真。在表演上，亦打破了传统木偶表演的舞台程式化风格，使木

偶表现接近生活，体现出生动的人物性格。于是，一个"为了那个心中的理想，一起去寻找新家园"的故事被赋予了更多悦心的情趣内涵。本片于 1987 年在央视《七巧板》栏目中热播，反响强烈。剧中对大海的描述，玩具们对于海上乐园童童港的执着向往牢牢吸引着小观众的目光。如今，时隔近三十年，仍有不少 70 后 80 后对此念念不忘，那首"拉响风的汽笛嘀嘀，我们张开幼小的翅膀；扬起浪的白帆哗哗，我们迎向五彩的阳光"的主题歌至今仍然在他们的心头持续回响。

当年的《七巧板》栏目组

作为一个四面环水的海洋国家，日本的动漫作品中显然不可能少了"四大洋"。可以说，"海元素"在日漫中几乎无处不在，而从20世纪40年代就兴起的本土原创漫热，也始终将海洋作为众多漫画及动画影视剧中的重要背景或主题主线。这一思路见诸于各个年代，其中的一些作品不仅在日本国内是公认的经典，甚至也是享誉全球的"海洋大片"。

日本篇

与中国及其他国家的海洋动画作品相比，日本对于海洋元素的使用，除了以之作为或旖旎风光或暴风骤雨的故事背景之外，更多时候还会将海洋变迁与人类进化间联系起来，同时会让海洋生灵直接参与到剧情中来，而不仅仅只作为陪衬。这就使动画作品中的海洋真正有了生命力。当然，这与日本的动漫产业的发达成熟直接相关——这些生机盎然的海洋角色往往迅速变成了玩具柜台上的热门明星。这种艺术到商品的惬意转化，是国内动画界至今仍十分欠缺的。

1972年：《小飞龙》——阿钟的大洋复仇记

1972年出品的改编自手冢治虫的漫画《海王子》在当时未得到手冢的充分认可。但若干年后，连手冢本人也不得不承认本片确实是一部成功的漫改之作。作品讲述被日本小渔村老人抱养长大的十三岁少年阿钟，因为天生一头绿发而被村人视为异类。一天，阿钟在海边遇到了不可思议的白色海豚露卡，从她的口中得知了惊人的秘密——自己竟然是海栖人类飞龙族仅存的后代！随后，来历不明的可怕怪兽突然出现并攻击渔村。为了不使村人们受自己连累，少年阿钟离开了渔村，进入了那个广阔

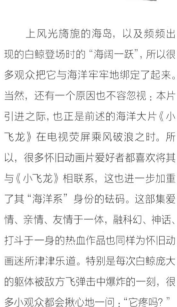

神秘的青色世界,开始了探寻身世之谜的旅程。

本片在台湾首播时改译为《海王子》,二次播出时译为《小飞龙》。1990年前后上海电视台引进了这版台湾地区配音的《小飞龙》,随后在各省开始广泛播出,并引起热烈反响。虽然是1972年的作品,但本剧对于四大洋瑰丽奇绝的全景呈现、形态各异的海洋生物的生动描绘,对飞龙和波顿两大海洋家族错综复杂的世代恩怨,特别是多个人形怪角色的着力塑造,都让当时的中国观众瞠目结舌。二十多年过去,那一个经典形象始终清晰地印刻在脑海中——一位骑着海豚、与美丽的人鱼结伴、潇洒地驰骋在蓝色大洋上的少年;每集开始和最后总是出现的、用触手敲击岩石的水母及其所发出的奇特女中音声调"阿钟来啦,阿钟来到大西洋啦,阿钟来找波顿啦"也始终萦绕于观众的耳际。

1980 年:《大白鲸》
——传奇飞艇破海冲天

将东京 MOVIE 新社出品的《大白鲸》归为一部海洋动画之作,可能并不准确。本片更准确的分类应该算作是一部以空战为主题的科幻动画剧。作品讲述的是在遥远的过去,曾存于世的两个拥有先进文明的大陆——位于大西洋的亚特兰蒂斯和位于太平洋的穆,因前者的黩武与好战双双在惨烈的战争中毁于一旦。但是万年之后,借助行星直列带来的异变,被放逐到宇宙边缘的亚特兰蒂斯得以重回太阳系。就在整个世界被笼罩在恐惧的阴影之时,拥有穆族领导者纳穆长老意志的白鲸从万年沉睡中苏醒过来,而重生的五位穆族勇士也集结到了一起,以白鲸的力量为后盾开始了捍卫和平的战斗。

因为有太平洋的古老传说为背景,有优雅造型的白鲸飞艇为全片灵魂,加

上风光旖旎的海岛,以及频频出现的白鲸登场时的"海阔一跃",所以很多观众把它与海洋牢牢地绑定了起来。当然,还有一个原因也不容忽视:本片引进之际,也正是前述的海洋大片《小飞龙》在电视荧屏乘风破浪之时。所以,很多怀旧动画片爱好者都喜欢将其与《小飞龙》相联系,这也进一步加重了其"海洋系"身份的砝码。这部集爱情、亲情、友情于一体,融科幻、神话、打斗于一身的热血作品也同样为怀旧动画迷所津津乐道。特别是每次白鲸庞大的躯体被敌方飞弹击中爆炸的一刻,很多小观众都会揪心地一问:"它疼吗?"

1986 年:《圣斗士星矢》
——《海皇篇》掀起海底神殿热血攻防战

东映动画公司改编自同名漫画作品的高人气热血动画《圣斗士星矢》堪称广大 80 后动漫迷童年记忆中的至上经典。这部一百多集的长篇电视动画以古希腊神话为基本的背景构架,由数个相对独立而又相互关联的打斗闯关篇章构成,其中的《海皇篇》故事更是将圣斗士们的热血战场安排到了广阔蔚蓝的海底神殿。

由于整个篇章的情节都发生在海底，东映动画公司的主创团队凭借细腻唯美的画风和通透明快的色调，将神秘而广阔的海底世界绘制的极其华美。色彩绚丽的珊瑚，深邃开阔的海底空间、庄严肃穆、防御力超强的生命之柱以及动感十足的格斗技，都给观众留下了极其深刻的印象。在最后的大决战中，青铜圣斗士星矢、紫龙和冰河身披黄金圣衣，并肩作战把与波塞冬对决的场景将动画的情节推向了最高潮。

因为技术成熟，加之原创海洋动画的传统悠久，日本漫画家及动画公司在创作及拍摄这类作品时，能够以一种兼收并蓄的开放姿态，将世界范围内的众多海洋神话、传说融入其中。于是，擅长人物个性刻画及机甲载具设定的日本动画要件被置于的西方传奇历史中，丝

毫不觉违和，反而相得益彰。籍此，圣斗士五小强征战西方海洋世界的那些精彩镜头和动画语言，实现了观赏价值，从而在世界范围内取得巨大成功。

1990 年：《蓝宝石之谜》
——不可思议的海之娜蒂亚海洋寻宝

这是 20 世纪 90 年代最经典的海洋题材动画热播剧。《蓝宝石之谜》的故事脚本改编自凡尔纳的著名科幻小说《海底两万里》和《神秘岛》，全剧共 39 集，讲述了在法国巴黎举行的万

国博览会上，酷爱发明的十四岁少年让结识了来自马戏团的女孩娜蒂娅，很快便和娜蒂娅卷入一场纷争之中。钟爱宝石的格兰蒂斯及其两个手下汤姆和汉森对娜蒂娅胸前佩戴的蓝宝石产生了浓厚兴趣，然而他们此时还不知道，这块宝石隐藏着惊人的秘密。由此，让和娜蒂娅围绕这颗宝石展开了一连串的大冒险……

虽然源自于世界名著，但《蓝宝石之谜》的情节完全不拘泥于原著的框架，架空式的流畅剧情，加以深远的世界观设定和半架空式的时代背景，以及轻盈明快的配乐，都让本片看起来格外的赏心悦目。不得不说的是，初版中文译名《蓝宝石之谜》通俗易懂，虽然背景仍然与亚特兰蒂斯有关，且海风浓郁，但本片的很多情节与海洋的关系并不大。所以，当本片第二次在内地播放

时，新译名《海底两万里》令人感动但并不贴切。当然，这并不妨碍它在怀旧动画译制片史上的精品地位。

1999 年：《海贼王》
——世纪末的航海大冒险

估计东映公司也不会料到，在新的千年一部海洋主题的动画长寿作品《海贼王》会成为公司的"擎天柱"（原作漫画叫 *ONE PIECE*, 简称 OP）。这部由尾田荣一郎创作的日本第一少年漫画改编的人气动画，自 1999 年开播以来，始终人气不减，创造了一个又一个漫改神话。该作也可说是"投机取巧"的典范——每集所谓 30 分钟的篇幅，除去片头片尾和特有的 5 分钟剧情回顾，实际正片内容只有 20 分钟左右。《海贼王》

制作经费仅为每集 800 万日元，但其凭借原作的强大人气，这部作品的观众群跨度极广，而周边产品的开发也很强势，如今已成为商业运作的教科书案例。

《海贼王》与海洋的关系，无须赘述。随着正版动画、漫画的全面引进，以及剧场版电影的择机公映，中国已经形成了一个人数众多的"海米"群体。因为受中文译名版权注册影响及考虑社会观感，国内正式播出的版本被改译《航海王》。只不过，这一次，与路飞展开海洋冒险的主体不再是 70 后和 80 后了。新生代的动漫粉丝正在并将继续与剧中的主人公们在苍茫大海上共同书写自己的青春之歌。

截至目前，《海贼王》已经播出近

七百五十集，历时七年多，仍然是日本收视率最高的动画剧集之一。而其漫画的人气及最新剧场版电影的票房也保持在前三的位置上，这不能不说是一个奇迹。究其原因，《海贼王》早已不是一个简单的热血少年航海冒险的故事。在原作者尾田荣一郎和动画制作团队的缜密结构下，一个体量庞大的动漫版的"历史 + 人文 + 自然"百科全书正铺展开来。路飞和小伙伴的种种历险与遭遇，既包括了创作者对既有历史文化的认知与解读，也包括了对未来人类走向及世界发展的设想。正统历史、恶魔果实、古代兵器、世界种族、霸气（可激发的潜力），凡此种种组织出的丰满世界已经无异于另一个多姿多彩的地球了。或许，这种看似清淡的科幻气质才是本片经久不衰的主因吧。

现象是，欧美的海洋动画片大多都讲述发生在海底世界的故事，这是与日本海洋动画作品通常是在海面展开情节有很大的不同。

1984 年：《海底小精灵》 —— 翻版蓝精灵的失意生活

"海底小精灵"这一概念最初由比利时人费雷迪于 1982 年提出。这位费雷迪就是红遍全球的 1981 版《蓝精灵》动画系列的执行制作人，但由于费雷迪与"蓝精灵"原作者皮约在动画改编理念上出现了严重分歧，甚至因此而对簿公堂。二人分道扬镳后，费雷迪便决定希望通过制作《海底小精灵》系列剧集与《蓝精灵》一较高下。

费雷迪一边带着较劲的心理来制作本片，一边又难以完全舍弃蓝精灵系列的成功元素，因此最后的结果便是，海底小精灵在纯造型上很多地是借鉴了蓝精灵的形象，且不说两者的相同的身材比例和几乎一个模子刻出来的五官，

就连头部的形状也是暧昧的相似：蓝精灵一律戴着白帽子，且无一例外地呈现出帽尖前倾现象；而海底小精灵头上均带有一根潜水呼吸管状的器官，也是向前弯着，可以想象，假如给海底小精灵戴上帽子的话，那么除了五颜六色的肤色以外，它们就基本与蓝精灵无异了。本片在美国播出反响平平，但 1991 年辽宁电视台引进时，约请辽宁配音圈资深演员配音，从而为译制版增色不少。

不过，仅就故事内容而言，深居海底的"小精灵"反倒比乐守田园的"蓝精灵"更具有科幻意味。因为蓝精灵无非是设定了一个象征的乌托邦的精灵世界，除了相对封闭之外，其他方面与人类社会别无二致。但海底小精灵要在深不可测的海底生存，抛开氧气供给之外，饮食、行动、能源，都与地面生活大不相同，编剧时方方面面需要考虑的因素众多。虽然基于一个大的童话前提，很多细节可以不必计较，但本片中对语言交流、交通运输、岗位分工等，都结合海底状况进行了合理的安排，建立起了一套比较完整的全新的海底生活秩序。

近代的欧美的社会发展史可以被视为一部不折不扣的海洋开拓史。在数百年间，欧美各国的命运与海洋息息相关，不可分割。海洋气质早已化为欧美人日常生活的一部分。

这种气质表现在动画作品上，便是其对海洋元素的运用，既不同于中国的背景式衬托，也非日本动漫设定中的人类与海洋的互动博弈，而是更多地将角色直接置入海洋之中，与海洋成为水乳交融的命运共同体。从内容上来看，欧美的海洋动画作品要温和许多，面向的受众也更为宽泛，老少皆宜。在故事内容的编排上，不是家长里短就是小朋友的成长学习，整体氛围营造上也更趋轻松幽默。一个有意思的

欧美篇

作，还在于作者埃尔热以生花妙笔对科技的诠释与展示。这些逼真生动的画页或影像美好观感的背后支撑是身处20世纪上半叶的埃尔热在查阅了大量的文献资料和新闻报道，请教了大量的专家学者后，秉持一名科技工作者的严谨态度，构造出远超同时代一段又一段的未来历险故事。这里面虽有浪漫而显虚妄的想象，但面对上述所涉作品中舰艇的精巧设计和合理应用时，观众除了啧啧称奇之外恐怕再无其他了——在《红色拉克姆的宝藏》中，丁丁驾驶形似鲨鱼的潜水艇在海底游弋寻找失事的独角兽号，这一时代背景为20世纪30年代，将其再推延一百年，视为21世纪的30年代的一幕，同样也无不可。

章鱼哥等人展开，场景设定为太平洋海底一座被称为比奇堡的城市。一部貌似低幼的电视动画片之所以能长盛不衰，原因在于全片贯穿着主人公海绵宝宝积极乐观、认真努力、热情善良的情感基调。虽然经常会带来一连串的麻烦，但是他能为观众们源源不断地注入正能量。我们有理由相信，这份勇气和信心还会继续传递下去。

1991 年：《丁丁历险记》
——因阿道克船长而精彩

较之原作漫画，同名动画片的影响力似乎微不足道。这部由加拿大与法国合拍的电视系列动画片尽管谈不上制作精良，但毕竟第一次真正让丁丁和他的小伙伴们"动"了起来，因此而受到亿万丁丁迷的追捧。总体来说，由于忠实地还原了漫画原作的精彩故事，本片仍不失为一部优秀的动画佳作。

《丁丁历险记》显然不是一部以海洋为主阵地的动画作品，但片中的海洋元素却无处不在。首先，作为丁丁最好的"战友"，经验老到的航海家阿道克船长不仅是全剧的男二号，甚至在一定程度在某些时候光芒还要超过丁丁，是剧中一个绝对的亮点。其次，在《独角兽号的秘密》《红鬼阿克哈姆的宝藏》《黑岛》《神秘的星星》《714航班》等故事，都围绕着航海冒险及海岛奇遇等内容展开。这些故事妙趣横生、悬念迭出，表现出了海洋充满未知的神秘和新奇。

故事情节的引人入胜固然是这部作品的魅力所在，但《丁丁历险记》之所以成为一部不朽之

1999 年：《海绵宝宝》
——海底传递正能量

《海绵宝宝》主要目标受众群是低龄段小观众，但它同样也得到众多成年人的喜爱。来自美国有线电视网的数据显示，高峰时期，每个月都有将近六千万观众收看这部海底儿童幽默剧，其中有相当数量的成年观众。本片的魅力由此可见一斑。本片故事围绕着主角海绵宝宝和他的好朋友派大星、邻居

就从剧情而论，《海绵宝宝》与《海底小精灵》相似，描绘的都是智慧小生灵在海底世界的生活，辅以各种插科打诨，笑料百出。但它又绝非儿童肥皂剧

那样简单，更多的时候，它是透过儿童的视角折射出对人类社会的未来想象，比如如何应对环境污染、新型疾病、外来物种入侵、突发公共事件等，只不过，以儿童的语言来探讨这些未来危机的解决之道，会让观众更容易面对，也许这正是很多成年观众也喜欢本片的一个原因，尽管他们很可能自己并没有意识到这一点。

2003：《海底总动员》——海洋动画史的里程碑

无论从技术层面还是艺术层面来看，《海底总动员》都是世界动画电影史上的一座里程碑。皮克斯调用了当时几乎所有的技术力量，终于令本片最后呈现出几近完美的效果。海洋生物的肢体形态、海水的流动及光影的变化，每个镜头都能将父子情、成长记如此完美地糅进一个海底生态探险的故事，不着一点痕迹，也显示出皮克斯强大的创意能力。时隔十三年，《海底总动员2》终于千呼万唤始出来，精良的制作以及流畅的叙事，让期待已久的观众再一次领略海底世界的多彩和绚丽，令这部票房与口碑双收的续作正在向着全球票房十亿美元大关迈进。

其实，无论是海洋只是作为一道风景供我们欣赏和冲浪，还是作为一个巨大的能源仓库为人类提供持续的生存补给，又或者在未来的某日，我们真的住进我们的海底新家，彻底成为海洋的一份子，人类与海洋的关系在未来相当长的一段时间里，只会越来越密切。海洋，作为这颗蓝色星球的主基调，也作为地球生命诞生的起源地，至少已经为人类奉献了数百万年，现在，是到了人类开始反哺而不是一味索取的时候了。一句话，无论是当下还是可预见的未来，人类与海洋的共荣共生，都将是一个热络的议题。▣

不一样的海
探寻异星海洋的模样

作者 / 苗若玖

木卫二表面崎岖不平，也有很多浅浅的湖泊

海底世界很奇妙，人类探索数百万年，留下了很多故事与传说。地球以外，在广袤的太空中，异星存在海洋吗？如果存在，它们又有什么样的秘密呢？借由想象人类在他们的影视作品中给出了很多答案。如同镜花水月一般，人类也从中窥视自己的内心世界。

我们居住的地球，是一颗表面71%都覆盖着海洋的"蓝色星球"。上古的先民，有相当一部分在海边栖居，因此，很多民族，都留下了丰富的关于海洋的故事传说。

如今，身处航天时代的我们仰望星空，一个值得玩味的问题总会在我们脑海中盘旋：那些遥远的太阳系外行星，或者大行星周围的卫星上，也会有海洋吗？如果答案是肯定的，这些异星海洋会是何种模样？在亲临这些遥远的天体之前，我们或许能够从科幻世界中寻找可资参考的答案。

"欧罗巴"冰层下的海洋隐藏着什么样的未知生物呢？

美国国家航天局"伽利略"号探测器发回的木卫二图片

《木卫二报告》
冰海之下的"隐形猎手"

很多科幻迷和着迷于隐匿动物的人士都相信，在地球上的海洋深处，肯定栖居着尚不为人类所知的古怪动物，它们将与人们在不经意间偶遇，或是等待人类在潜水和水下航行技术进步之后前往探寻。这样的逻辑，也会被套用在科幻电影里异星海洋的"设计"上：编剧或美工们往往将拥有海洋的星球，设定成某些极具攻击力的异星动物的居所。

由华人影星吴彦祖等人主演的科幻

片《木卫二报告》，其情节就围绕着这样的假设展开。木卫二又名"欧罗巴"，是一颗大气含氧稀薄、磁场微弱，而且为冰壳所覆盖的木星卫星，被天文学界认为是太阳系中最有可能孕育地外生命的星球之一。《木卫二报告》的情节，就基于这个天文学假说展开；英国科幻作家阿瑟·克拉克在《2010太空漫游》中描写的中国宇宙飞船"钱学森"号遇难过程，也成为影片的故事原型。

在这部影片里，被派往木卫二的六名宇航员发现，木卫二的冰盖下面生活着一种有些像章鱼的恐怖生物。它可以

突破冰盖，并最终猎杀了所有的宇航员；最后一名女宇航员临死前传回地球的资料，包含有这种生物的清晰照片。6名宇航员用自己的生命，换来了人类在认识和研究异星生命这一领域上的飞跃。

而在现实生活中，美国宇航局也曾计划建造一种特殊的宇宙飞船，在土卫六"泰坦"表面的甲烷海洋上航行，更深入地了解这颗卫星的情况，甚至寻找地外生命的线索。虽然我们暂时还不能像科幻电影里所表现的那样，派遣宇航员前往这些遥远的星球，但借助无人飞船我们仍有可能撩开土卫六和木卫二的神秘面纱。

为了人类复兴而战斗的"泰坦"号主角

《宇宙奇舰泰坦号》
用小行星再造"蓝色星球"

如果未来地球毁灭，人类可以用什么样的"原料"再造一个地球？德国出品的动画电影《宇宙奇舰泰坦号》，就试图回答这一问题。

在这部动画电影里，地球遭到了神秘的外星纯能量智慧生命体"爵奇"的

攻击，被巨型能量武器炸得粉碎；但在地球毁灭前的几秒钟，集合了地球人科技精华的"泰坦"号巨型飞船成功升空，远遁宇宙深处。这艘飞船原本被设计为殖民船，利用宇宙中的"原材料"制造出适合人类生活的星球，此时却成为人类复兴的希望。在地球毁灭之后的漫长年月里，"泰坦"号一直被精心保存在一片冰质小行星区域的中心，等待着有朝一日得到充足的能量，可以再造一个地球。

多年以后，"泰坦"号总工程师山姆·塔克的儿子凯尔长大成人，并加入到父亲昔日同事约瑟夫·科尔索的探险队伍中。他们找到了"泰坦"号，但约瑟夫看不到人类复兴的希望，选择向"爵奇"的领袖告密以换取巨额赏金，使"爵奇"追击而来。此时，凯尔巧妙地改写了飞船的充能程序，约瑟夫也在最后时刻良心发现，两人共同利用"爵奇"的主炮为"泰坦"号充能，也同时"榨取"了"爵奇"的所有能量从而彻底毁灭了它们。"泰坦"号则利用的冰质小行星，生成了昵称"鲍勃星"的新地球的海洋，让人类在宇宙中拥有了新的家园。

黑暗中的光明在何方

《星际迷航：暗黑无界》
避免文化污染躲在海里吧！

作为世界上著名的系列科幻影视作品，"星际迷航"营造了一个被曲速航行联系起来的、充满智慧生命的宇宙。与地球人类结盟或是交战的各个外星种族，都生活在各具特色的行星上；而在他们之外，还有诸多远未掌握宇宙航行和超光速能力，甚至远未开化的智慧种族。

由地球人和其他一些外星种族建立的星际联邦，既要保证这些后进种族

刚耿人建造的气泡状水下城市

的存续，又不能污染他们的原生文化。因此，如何隐藏巨大的星舰，就成为关键问题之一，而潜入海中，或许是最简单的解决方案。

在"星际迷航"系列电影的最新一部《暗黑无界》的开场，"企业"号星舰上的柯克船长和史波克、乌胡拉等人，就遇到了这样的问题。当时，他们来到一颗被称为"尼碧鲁"的行星，试图阻止一场足以毁灭这颗星球气候环境的火山爆发，以拯救还处于石器时代的尼碧鲁土著。为了避免污染他们的文化，"企业"号不得不选择一片人迹罕至的海域潜入其中，再放出小型登陆艇搭载船员前往陆地。不断在星舰外游动的肉食海兽的威胁，以及高盐海水对星舰船体的腐蚀，令轮机部门大为不满。

与此同时，火山灰阻塞了登陆艇的引擎，使登陆艇失控，导致负责冷却火山的大副史波克被丢在了火山口。为了拯救自己的老朋友，柯克船长只得违规令星舰浮出海面，以启动传送设备救回史波克，却受到重视逻辑性和规则的史波克的斥责；而巨大的星舰，也深深震撼了行经此处的土著人，使他们抛弃了祖传的巫术卷轴，转奉星舰为神明。这个虽然只有不到十分钟的桥段，却反映出相当丰富的人文关怀内容，比如对生命和规则两者价值的权衡，以及对异星原始智慧生命及其独有文化的尊重，等等。

正在浮出水面的"企业号"星舰

刚耿人老大那斯头目

《星球大战前传：幽灵的威胁》遍布星球的"地下"水道

"前往希德城最快的路，是从纳布星的核心穿过去。我会给你们一艘'邦格'快船，可是，你们有这个胆量吗？"面对前来求助的绝地武士魁刚·金、奥比旺·肯诺比和先前被放逐的族人加·加·宾克斯，肥硕的刚耿人头领那斯头目给出了这样一条匪夷所思的建议。两位绝地武士随即同意，丝毫不理会加·加·宾克斯脸上无比惊恐的表情。

得益于电影技术的提升，1999 年上映的《星球大战前传：幽灵的威胁》

可抗衡机器人大军的克隆人军团

索拉里斯星的海洋是一个
"有智慧"的生命体

心理学家克里斯博士看着不断"复活"的妻子,五味陈杂

《星际穿越》中,夜幕繁星下的异星海洋

引入了诸多新概念，其中之一便是对异星海洋的刻画。在这部影片的开场，处于贸易联盟和银河共和国议会双方纷争焦点的纳布星，是一颗风景秀美的行星，为拥有高科技的纳布人和两栖的原生土著刚耿人所共享。

不同于我们熟悉的地球结构，纳布星的地核与地幔部分完全被水所填充，也就是说，这颗星球相当于一块布满孔洞的巨岩，所有的湖泊和海洋都能通过水下岩洞连接在一起。善水性的刚耿人不仅修建了气泡状的水下城市，而且利用这些水下岩洞建立起一套高速的水下航运系统。不过，那斯头目指给绝地武士的路，仍然是绝大多数刚耿人都不敢涉足的禁区。因为，在纳布星的深海里，栖居着多种非常恐怖的巨型肉食动物。

果然，搭载绝地武士和加·加·宾克斯的"邦格"离开水下城市没多久，便成了一头奥皮海洋杀手捕猎的目标。这种混合了地球上的青蛙和远古甲胄鱼类特征的动物，用一条可以突然弹出的舌头粘住了"邦格"并拖进嘴里。但它还没来得及享用猎物，就被更为强大的桑多水怪扯成了两截。"邦格"虽然死里逃生，但已经被咬坏了电源，经过紧急抢修之后，大家突然发现附近有若干凶猛的科洛爪鱼在游荡。在"邦格"灯光的照射下，科洛爪鱼的皮肤反射出令人胆寒的光芒，血腥的捕食随即开场。经历了一番险象环生的水下追逐，乘员们方才死里逃生。

刻画纳布星上海洋生态和食物链的这个生动桥段，令观众们热血沸腾。除了"鱼口逃生"的惊险刺激，这些栖居在纳布星深处的怪兽，其外表和生活方式，也充满了奇诡的想象力。这也反映出为什么星战电影总是令人期待。

《星球大战前传2：克隆人的进攻》
海洋行星上的克隆工厂

既然深不可测的海洋可以隐藏不为人知的巨怪，那么人类自己的秘密同样可以被隐藏在海水之下。同为"星球大战"系列，《星球大战前传2：克隆人的进攻》里海洋的"气场"，就与前作迥然不同。

宇宙中的安详和静谧，业已因为贸易联盟派出机器人大军挑起冲突而被打破；而在位置已被刻意隐藏的海洋行星卡米诺星上，一项秘密合同正在有条不紊地执行。卡米诺星人是宇宙中最擅长克隆动物的种族，而现在，他们需要以赏金猎人詹高·菲特为模板，制造一支足以抗衡机器人大军的克隆人军团。

在这颗气象条件恶劣的海洋星球上，卡米诺人在海洋深处不起眼的角落建造了远高于水面的平台，作为克隆人工厂的基座。一批批克隆人士兵就在这些大洋深处的工厂里飞速生长，成为比机器人更具"弹性"的优秀战士，而且他们的存在几乎不为人知。当前往调查的绝地武士奥比旺·肯诺比质疑整个项目时，他与詹高·菲特和波巴·菲特"父子"（波巴是詹高的克隆体和名义上的"儿子"）在克隆工厂外面的飞船停机坪展开了对决。平台之下波涛汹涌的海面，更衬托出这场对战的惊心动魄。

《索拉里斯星》
"真伪莫测"的异星之水

异星的海洋，往往成为收纳神秘事物的处所，但也有一些影片突破了这样的窠臼。有人说，在所有涉及异星海洋的科幻电影里，根据波兰作家斯坦尼斯拉夫·莱姆的同名小说改编的《索拉里斯星》，可能是最有哲理的一部。《索拉里斯星》能够得到这样的评价，或许就是因为它将一种"全新概念"的外星海洋呈现给了观众。

《索拉里斯星》的情节，充满了晦涩难懂的哲理。在环绕海洋行星索拉里斯运行的空间站"普罗米修斯"上，一个驻站的科学家小组切断了空间站和地球的所有联系。心理学家克里斯·凯尔文博士受命去调查这些科学家的神秘行为，但当他赶到空间站时，发出求救信号的科学家，也是他的好友吉巴里安已经神秘地自杀，另外两位科学家的情绪也极度不稳定，经常出现妄想症状。此后，凯尔文自己也陷入神秘的境遇之中，因为他死去多年的妻子蕾亚，在空间站里重新复活了……

所有这些怪异而恐怖的现象与经历都指向一个事实：这颗海洋行星本身，很可能是一个巨大的生命体。在考察过程中，人类的各种检测和研究手段完全没有效果，索拉里斯星却可以使考察队陷于恐惧和迷茫之中。这是因为，索拉

机器人大军

在潘多拉星球的海洋中，阿凡达们又要和人类殖民军进行一番斗争

里斯星用匪夷所思的机制，"激活"了宇航员头脑中的记忆，给他们的科研活动带来困扰。其实，小说和电影中设定的这种仿佛具有智慧的水，正是地球的海洋所给予人的神秘感的映射；"真伪莫测"的异星之水，提醒人类：在技术进步的同时，要对充满未知的自然界保持敬畏之心。

《星际穿越》
被大潮改变的命运

2014 年深秋时长近三个小时的《星际穿越》，在社会上掀起了一阵讨论物理学和宇宙构造的热潮。《星际穿越》成功的要素之一，便是根据天文学、物理学领域前沿成果设定的虚拟世界。瑰丽的异星景色和多维度世界，赋予了这部影片极为恢宏的气场。

为了给人类寻找新的栖息地，宇航员们远离太阳系，前去探索一处黑洞和一颗环绕着它运行的海洋行星。由于黑洞巨大的引力，这颗海洋行星表面平滑，却潮汐异常，常有山峰一般席卷全球的巨浪；引力导致的相对论效应也改变了这里的时间流逝速度，使行星上的一小时等于地球上的七年。

在探索这颗星球的时候，参与项目的女科学家判断失误，导致飞船引擎进水，滞留了大约三个小时方才返航。当他们回到停在这个星系的空间站的时候，昔日的同事已经衰老；男主角不得不面对比自己更年长的女儿，并为自己错过了她成长的诸多细节而深感遗憾。这个悲情桥段，是《星际穿越》最令观众印象深刻的情节之一。

这颗海洋行星上几乎"铺天盖地"的巨浪，同样反衬出人类在宇宙中的渺小柔弱。在地球生命结束之际，人类是否能继续利用科技存续下去呢？

令人生畏的异星巨浪

潘多拉星球的海洋美景

异星探索并非一番风顺

《阿凡达 2》
值得期待的海底决战

尽管已有诸多或成功或失败的先例，将异星海洋作为隐藏秘密乃至阴谋的场所，却仍然是一种颇受欢迎的科幻电影编剧思路。

2009 年，美国著名科幻电影导演詹姆斯·卡梅隆筹备多年的科幻电影《阿凡达》在全球掀起了一阵科幻热潮。此后的七年里，《阿凡达》的续集一直被科幻迷们所热切期待。这部影片对异星生态系统的精妙设定，每每使人反复温故，欲罢不能。

经历了故事和剧本细节反复修改的波折之后，《阿凡达 2》的拍摄工作步入了正轨。詹姆斯·卡梅隆曾经暗示，将在 2018 年上映的《阿凡达 2》，其剧情有相当一部分会聚焦于潘多拉星球的海洋，讲述纳美人在新的战场上保卫家园的故事。考虑到卡梅隆此前曾建造了一艘私人深海潜水器，并潜入马里亚纳海沟寻找灵感，拍摄了大量的素材，以及《阿凡达 2》项目新 Logo 上出现的海水波浪，卡梅隆此言可信度极高。毕竟，第一部《阿凡达》里曾经出现过栖居在海边的部落，却只有寥寥几个镜头；对他们的生活方式和生活环境的刻画，显然会成为一大看点。

一些科幻迷甚至推想，如果人类在《阿凡达 2》中卷土重来，那么人类与纳美人的大决战，很可能会在水下基地一类的场景中发生。而纳美人信仰的"伊娃"会在海洋环境中调动怎样的自然之力，潘多拉星球的海洋中会出现哪些奇特的生物，都相当值得期待。◀

北京漫控
BJCC 时尚动漫零距离

纽约国际动漫展是世界动漫界最具盛名的活动，是仅次于圣迭戈漫展的美国第二大动漫展会，每年吸引观众超过十二万人次，已经受全球各地动漫迷疯狂追捧。2016 年，这个在欧美流行多年的动漫展空降到了北京。

漫迷的新圣地

北京漫控潮流博览会（BJCC）源自于美国的漫展品牌纽约国际动漫展（NYCC），是由全球知名的流行文化展会策划团队励德漫展（ReedPOP）在中国推出的流行文化品牌。自 2006 年创立纽约漫展（NYCC）以来，励德漫展已培育了包括 PAX 游戏展、星球大战嘉年华、C2E2 动漫娱乐展、Oz Comic Con 等众多声名远播的国际漫展与游戏展。在美国众多漫展中，圣迭戈漫展（SDCC）与纽约漫展（NYCC）已经成为两个最大的动漫展会。其中圣迭戈国际动漫展是西半球规模最大，全球规模第二大的动漫展，仅次于法国的昂古莱姆（Angoulême）国际漫画节，且后者只是单一的漫画展会。虽然是动漫展但是圣迭戈国际动漫展的影响力早已超越

宇田川誉仁原创作品

MK－44反浩克装甲在展会惊艳亮相

变形金刚原创画师亲临现场

动漫界，电影、电视剧以及游戏等作品在这里都能找到观众。会展上对即将播出的电视电影的宣传，也会汇聚众多明星到来。

展会开幕首日一大早，从国展中心七号门进入展馆区域开始就能看到，门票兑换处已经排满了来看展会的人。观展迷友在通过验票机后在门口大厅就可以参加 Logo 合影的分享抽奖活动、购买官方展会道具。在验票进入会场后，每位观展者都会在问询处领到一本官方展会会刊，标志性的变形战斗机 VF-IS 在会刊封面上着实显眼，凸显的"河森

正治风"让人还未进入主会场就已经明白本次展会即将带来一场视听盛宴。然而，在主会场门前竟真的有一架变形战斗机！这是《太空堡垒》官方授权的 I:9 全金属可变形 VF-IS 雕像，战机雕像由圈内公认的 DIY 大师孙世前老师亲自监督打造，每一个细节均高度还原动画中的设定，经典的三段变形机构完全再现！战机下方的铭牌"致我们永远的太空堡垒"是每一个看着《太空堡垒》长大的人心中最深切的呼唤。

到达主会场时时间尚早，可还是看到大批中外迷友已经在自己心仪的展

位前排起了长队，等待参加有奖活动，而更多迷友则是径直跑向会场限定模玩展位。在与现场迷友交流心得时，从一位迷友口中得知，展会一开门他就进来了，就为了能抢先买到一个限量款预定模玩产品，但仅十几只的限量款还是早就被抢空了，辛运的是，他中意的另一款限量版还有几个可以预定。

众多新模玩亮相

主会场中有来自世界各地的动漫厂商以及中国大陆代理商，从现场人群的密集程度不难看出，美国动漫超级英雄元素非常具有吸引力。在众多参展商

高度还原 G1 形象的变形金刚雕像

官方与民间的同人模仿秀竞相斗艳

中，新加坡限量收藏品雕像生产商 XM 工作室在现场展出的的 1:4 漫威英雄雕像着实吸引了不少迷友。由优酷土豆动漫展出的 KING ARTS 可动人偶系列包含了经典 1:9 超可动合金钢铁侠系列与 1:4 维修版钢铁侠系列，同时在展位上首次展出了钢铁侠量产无人机系列，而会场限定款金色涂装 MK-21 钢铁侠已经被预订一空。会场最显眼的位置摆放着两座变形金刚 G1 版擎天柱与大黄蜂雕像，这里其实是另外一家知名工作室 SOAP 的展位，现场除了 G1 版变形金刚雕像还有 1:12 智能遥控蝙蝠车，虽然价格不菲，但据商家透露，其购买量从展会开始就持续上涨。SOAP 展位现

场展出的模玩成品精美逼真，同时现场请到的变形金刚创作画师现场所创作的变形金刚画作同样吸引每一位迷友驻足观看。

在众多展品中最吸睛的当属在 52TOYS 展位展出的 KILLERBODY 1:1 可穿戴钢铁侠 MK-7 机甲。钢铁侠系列电影的火爆不仅带动了票房市场，在全球影视周边市场已经掀起了一阵经久不衰的钢铁侠风暴。作为国内新锐高端影视周边品牌的 KILLERBODY，还是全球第一家尝试还原电影对其制作生产的厂商。机甲由国内知名道具制作达人叮当先生担任设计与监制，经漫威官授

权，是全球第一款漫威官方正版授权钢铁侠可穿戴产品。MK-7 是钢铁侠诸多机甲中极富传奇色彩的一套，不仅拥有小型导弹、激光发射器等各种高科技武器，在电影中，身为钢铁侠的托尼·斯塔克正是身披这身机甲将核弹扔出大气层，拯救了无数的市民与自己的伙伴。KILLERBODY 通过顶级的制作工艺与出色的声光电设计，完美还原了这套传奇机甲。

高端手办玩偶品牌 HEROCROSS 也是众多展位中的热点之一。作为 2012 年创立于中国香港的高端手办玩偶品牌，HEROCROSS 由原来的限时贩

卖限定店，几年间就发展成了中国香港Q版超合金的领军人物。其最具代表性的Hybrid Metal Figuration（HMF）系列主打美系动漫影视角色，包括DC系列、星球大战系列、变形金刚系列、AVP系列等。本次展会现场所展出的HMF系列产品中特别推出多款会场限定款式，包括Alien30周年纪念限定版金色异形、电镀版擎天柱、星球大战黑武士等。

日本老牌游戏娱乐公司BANPRESTO同样不出意料地出现在会场上。因为公司标志酷似眼镜，也被大众玩家戏称为"眼镜厂"。近几年来，BANPRESTO在玩具方面动作频频迅速，创意也层出不穷，旗下产品覆盖龙珠、海贼王、火影忍者、怪物猎人、初音、美少女战士等众多流行题材，形成了"武道会""顶上决战""造型师"等多个深受玩家喜欢的系列化产品线。

与大师们的"零距离"

现场邀请的嘉宾画师中，有幸近距离接触到几位。其中，日系人气画师结城正美凭借风靡多年的动漫《机动警察》而出名，在展会现场着实引来大批迷友签名合影。而河森正治的出现可谓一波未平一波又起，河森正治的名字在动漫圈中可谓家喻户晓，超人气动漫《超时空要塞》正是出自河森先生之笔，现场看到许多迷友带着自己珍藏多年由河森先生设计的模玩来到现场，就为了在特别举办的签名见面会上能让河森正治的名字永久地留在自己珍藏的模玩上。

除了众多参展厂商展出模玩手办产品以外，展会现场还举办了"原型创作大赛"，现场展出了众多达人的原创作品，其中包括业界公认的设计大师宇田川誉仁的作品。宇田川誉仁先生坐阵

现场，为每一位观展迷友签名合影并在翻译的协助下详细讲解原创灵感与创作过程。

拆盒网展位人气高涨的原因，除了制作精细的展品之外，就是拆盒网的首席模特真的如传说中一般漂亮，忍不住上前与她交谈了几句。在交谈中发现，其实作为拆盒网的首席模特，她本人也是十分狂热的科幻爱好者，在做拆盒网模特期间自己也收藏了不少科幻类手办。她笑称自己是首席模特同时也是首席模玩体验者，基本上拆盒网所代理的产品她都能够最先把玩体验。她颇有兴趣地翻阅了《科幻Cube》主题志时，说在展会中受到的观注也引起了她的注意。

除了官方模特以外，现场更多的是迷友自行组织的同人模仿秀（Cosplay），展会现场遇到最活跃的模仿秀是一帮带着红色面具的"死侍军团"，他们在展会现场的抢眼造型吸引迷友们争相拍照。与其中一位死侍军团成员聊天中得知，他们的军团成员来自全国各地，都是死侍的超级粉丝同时也是科幻迷，他们所摆出的造型均系从漫画中获得灵感。

现场除了众多动漫模玩产品展出以外，动漫书籍也是不可或缺的一部分，其中"世图美漫"由于主打漫威与DC超级英雄系列漫画，吸引了大批动漫爱好者疯狂购买。而在"世图美漫"

的展区中，《科幻Cube》主题志系列作为国内科幻文化出版物中的新贵，引发了现场迷友的广泛关注，也出现在了展架上。

郝景芳
在"爱"的海洋中，
人类如何遨游

郝景芳，作家，生于天津。2016 年 4 月凭借《北京折叠》获第 74 届雨果奖最佳"短中篇小说"提名。作品亦获轨迹奖和西奥多·斯特金纪念奖的提名，入选至少三种美国科幻奇幻年选，曾获得全球华语科幻星云奖银奖和科幻坐标奖短篇类冠军。

《北京折叠》入围雨果奖，中国的科幻文学在刘慈欣之后再次被西方认可，这与其说是中国科幻的文学性、想象力被认可，倒不如说中国人的生活以及作者在作品中透露出来的"爱"，更能引起西方读者的共鸣。

若干年前，在国内的某些媒体上，貌似西方的青少年接受的都是"既轻松又快乐"的"素质教育"。然而实际状况却生生地粉碎了这些"美好"。为了接受好的教育，西方的老百姓也是要各种"拼"。为了上重点幼儿园、大中小学，以便将来谋得一份好工作，获得更好的生活，西方的孩子同样要忍受各种考试；承担各种生活和工作的压力。但是西方父母对孩子的"爱"以及他们之间"爱"，与中国父母并无两样。在《北京折叠》中，老刀父亲对老刀，老刀对糖糖，莫不是如此。

现代社会中人们的交流更加频繁，不自觉中"东京爱情故事"般的"突如其来的爱"就发生了。如何处理这些"突如其来的爱"呢? 虽同处第一空间，但学生身份的秦天和已是某种更高阶层的依言，不仅要面对婚姻道德还要面临身份跨越难题。人类在向科技更加发达的自由世界进军时，阶层是否更加固化？这些永恒的"爱"的话题，是否依然会长久地存在？

对这些问题，郝景芳不仅通过她的作品，也通过她日常生活的点点滴滴给出了属于她的回答。

Q 《科幻 Cube》编辑部
A 郝景芳

Q 有了宝宝之后，是不是也为孩子上幼儿园这些事情操心呢？生活中接触了更多像老刀的这样的人吗？

A 操心是有的，但不算太焦虑，因为我早就选好了幼儿园。这个过程中倒没怎么接触像老刀这样的人。我写老刀，是因为五年前一次坐出租车，听他说他们家给女儿排队送幼儿园，要排一整夜。

Q 对老刀、秦天、依言这样处在不同"世界"的角色，如何看待现实中的类似的"阶层"呢？

A 这个问题是很复杂的，难以用一句话说清楚。这也是我预想中的《北京折叠》主要想讲的内容。

Q 对这些现实的阶层困境，很多人是无解的。但是您又想写出自己的答案，您是如何想到用"科幻元素"进行表达的呢？

A 科幻就是"可能性世界"，探索并描述各种可能性。所以我写下的任何小说都不是答案，而是某一种可能，就像平行宇宙的其中之一。我其实也就是想把多个可能世界的样子展示给大家看而已。

Q 平时，您喜欢哪些书和电影呢？是否很喜欢到菜市场去观察和体验一些生活呢？喜欢买哪些菜、哪些水果呢？

A 我喜欢的书和电影太多了，我的微博上记录了很多。我喜欢的作者包括福克纳、加缪、塞林格、罗曼·罗兰、科尔姆·托宾、理查德·耶茨、保罗·奥斯特、卡尔维诺等，太多了。喜欢的电影也很多，尤其是一部叫《灿烂人生》的片子。我平时经常去菜市场买菜，但我不把这个叫"观察和体验生活"，我把这个叫作"生活"，我买菜不是为了写作，而是为了做饭吃。至于买什么菜、什么水果，主要是看这顿家里要做什么，家里还缺什么水果。

他们眼中的《北京折叠》

徐晨亮：《小说月报》执行主编

世界可能不止如此
——文学视野里的《北京折叠》

"晨光熹微中，一座城市折叠自身，向地面收拢"，高楼"像最卑微的仆人"低声下气地弯腰，待大地翻转后，又如"苏醒的兽类"站立起身——这个来源于科幻作家飞扬想象力的恢宏场景，以及背后投向人类"近未来"的深沉目光，无疑会给读者留下深刻印象。然而《北京折叠》作为一部小说的魅力不止如此。小说中第三空间那"脏兮兮的餐桌和被争吵萦绕的货摊之间"混合了酸朽与甜腻的人间气味，奠定了作品的基调。作者的想象与思考皆扎根于对当下的感受与洞察，浸润着从现实中生长出来的"实感"。

《小说月报》2015年第4期"开放叙事"栏目选载了郝景芳的这部小说。《北京折叠》与《小说月报》过去推介的现实题材小说的交集，在于这样的"实感"，也在于对人的关切。老刀这四十八小时冒险之旅的根本动力正是对于女儿的爱。如果说"折叠城市"规划背后的根本逻辑在于"计算"，将单独个体的"人"化约为"人口规模和密度"，再换算为时间与空间，那么老刀的爱则超越了"计算"，也超越了计算者对于人性的基本假设（女儿与老刀并无血缘关系）。或许恰恰因为这样不合规则的个体之爱，折叠城市的翻转程序前所未有地延宕了数分钟，现实秩序看似坚硬的外壳上有了一道微小的缝隙。

在人们印象中，科幻文学与现实主义文学似乎存在于相互平行的时空。然而《北京折叠》却再度印证了，真正具有文学魅力的作品，不管写实还是科幻，所表达的同样是：世界可能不止如此。

赵如汉：美国高校教授，西方科幻文学发展观察者

小时的梦想是
——要活下去

《北京折叠》虽然是写的以中国为背景的故事，但其中反映的教育资源、阶层固化等问题普遍存在于当今时代。我认为，它能够获得雨果奖的提名，很大的一个原因是里面讨论的问题在美国读者中产生了共鸣。

美国虽然号称人人平等，人人都有机会，但现实并非如此。有没有钱决定了你处于什么阶层，人生有多大的机会。美国的中小学教育确实是义务教育，公立学校对所有的学生是免学费的。但是美国的城市是以学区来划分其地域的，你住在哪个学区，你的孩子就得上哪个学区的公立学校。当然，你如果特别富有，可以让小孩去上教育质量更好的私立学校。美国好的学区房和房产税都会比差的学区高很多，所以虽然公立学校免费，穷人却只能住在差的学区，他们的小孩只能上差的学校。这些差的学校差到什么程度？我现在住的城市中差区的学校曾经被州里亮了红灯，面临关闭。这些学区的居民有不少都生活在极度贫困线上，而他们的孩子也不可能受到良好的教育，长大后也只能在贫困线上挣扎，就像是生活在"第三空间的老刀"。

今年五月，在我们学校的研究生毕业典礼上，特邀了一位典礼报告人，他曾在本校读了本科和硕士，后在外校念完博士，现在人在本县领导一个反贫困组织。报告人出生于本市最贫困犯罪最多的地区，他回顾了通过教育改变自己生存状态的历程。报告中最令我震撼的一句话是，他说小时的梦想是——要活

下去! 因为他身边的朋友有的夭折，有的坐牢。这位报告人就像《北京折叠》里的老葛，通过自身不懈的努力最后从贫困状况下脱离出来，从第三空间进入第一空间，过上了体面的生活。但是，更多的人只能永远待在第三空间，就跟美国大多数居住在极度贫困区的人一样。由此看来，《北京折叠》虽然是科幻小说，但其对现实的反映恐怕超越了不少现实主义的小说。

王瑶：作家、科幻文学研究者

世界是不平的

科幻小说中的"惊奇感"，究其本质而言，来自于两个世界、两种认知范式或者"感觉结构"之间戏剧性的遭遇。在科幻电影中，"地下"与"地上"这样两重世界之间的天差地别，已变成震撼人心的奇观——那是《全面回忆》中分处于地球两极的"新亚洲"和"不列颠联邦"；是《饥饿游戏》中贫困饥饿的"十二区"和富饶的"都城"；是《逆世界》中重力相反的"下层世界"与"上层世界"；是《雪国列车》中的"末等车厢"和"头等车厢"；是《极乐空间》中污染严重的地球贫民窟与有钱人居住的"极乐空间"太空站。

在《北京折叠》中，"第一世界"与"第三世界"之间不是被茫茫太空隔开，而是被折叠在有限的空间中。这幅图景或许更接近于我们当下的生存经验——今日中国，乃至于今日世界，与其说是"地下"与"地上"两个世界之间的隔绝断裂，不如说是各种各样异质性的世界犬牙交错地挤压在一起。

在此意义上，我更愿意用"平坦的"和"不平的"这样一组形象来描述今日世界。一方面，对于抱着数码产品长大，生活在都市的青年而言，"世界是平的"。只要能连接上无线网络，就可以获取最新资讯，就可以和朋友聊天。另一方面，在这看似平坦的世界中，其实存在着许多巨大的鸿沟。当我们每天穿过街道和大楼时，似乎从未想过要跟那些打扫卫生的清洁工人、那些路边的小商小贩们打个招呼。他们来自我不知道名字的农村或小城镇，说着我听不懂的方言。我与他们仿佛是两个世界中的人，每天擦肩而过，却不知道如何开口交谈。

这样两个世界，彼此间没有对话的可能性。那些自以为生活在一个平坦的地球村里的人们，注定看不见一望无际的地平线之下那些巨大的鸿沟，看不见另外一些人们在沉重的现实引力之下，过着难以想象的生活。

本刊文学联合策划人
安蔚

中国科幻新势力
海底总动员

安蔚

天津人士，八〇后，现定居上海。从事编剧工作，并努力成为一名合格的科幻影视剧编剧。曾在《科幻世界》《奇幻世界》上发表《灯塔》《植物》、My Luck Face 等短篇小说，漫画《灰体》《分解世界》等。

本期他将携科幻新作《千年棋》重装上阵，本文气势恢宏，文字间有大刘（刘慈欣）挥笔的影子……不可多得。

北京折叠

作者 / 郝景芳

>> 一

　　清晨四点五十分，老刀穿过熙熙攘攘的步行街，去找彭蠡。

　　从垃圾站下班之后，老刀回家洗了个澡，换了衣服。白色衬衫和褐色裤子，这是他唯一一套体面的衣服，衬衫袖口磨了边，他把袖子卷到胳膊肘。老刀今年四十八岁，没结婚，已经过了注意外表的年龄，又没人照顾起居，这一套衣服留着穿了很多年，每次穿一天，回家就脱了叠上。他在垃圾站上班，没必要穿得体面，偶尔参加谁家小孩的婚礼，才拿出来穿在身上。这一次他不想脏兮兮地见陌生人。他在垃圾站连续工作了五个小时，很担心身上会有味道。

　　步行街上挤满了刚刚下班的人。拥挤的男男女女围着小摊子挑土特产，大声讨价还价。食客围着塑料桌子，埋头在酸辣粉的热气腾腾中，饿虎扑食一般，白色蒸汽遮住了脸。油炸的香味四处弥漫。货摊上的大枣和核桃堆成小山，腊肉在头顶摇摆。这个点是全天最热闹的时间，基本都收工了，忙碌了几个小时的人们都赶过来吃一顿饱饭，人声鼎沸。

　　老刀艰难地穿过人群。端盘子的伙计一边喊着让让一边推开挡道的人，开出一条路来，老刀跟在后面。

　　彭蠡家在小街深处。老刀上楼，彭蠡不在家。问邻居，邻居说他每天快到步行街关门才回来，具体几点不清楚。

　　老刀有点担心，看了看手表，清晨五点。

　　他回到楼门口等着。两旁狼吞虎咽的饥饿少年围绕着他。他认识其中两个，以前在彭蠡家见过一两次。少年每人面前摆着一盘炒面或炒粉，几个人分吃两个菜，盘子里一片狼藉，筷子仍在无望但锲而不舍地拨动，寻找辣椒丛中的肉星。老刀又下意识闻了闻小臂，不知道身上还有没有垃圾的臭味。

　　周围的一切嘈杂而庸常，和每个清晨一样。

　　"哎，你们知道那儿一盘回锅肉多少钱吗？"那个叫小李的少年说。

　　"×，菜里有沙子。"另外一个叫小丁的胖少年突然捂住嘴说，他的指甲里还带着黑泥，"坑人啊。得找老板退钱！"

　　"人家那儿一盘回锅肉，就三百四。"小李说，"三百四！一盘水煮牛肉四百二呢。"

　　"什么玩意儿？这么贵。"小丁捂着腮帮子咕哝道。

　　另外两个少年对谈话没兴趣，还在埋头吃面，小李低头看着他们，眼睛似乎穿过他们，看到了某个看不见的地方，目光里有透着热切。

　　老刀的肚子也感觉到饥饿。他迅速移开眼睛，可是来不及了，那种感觉迅速席卷了他，胃的空虚像是一个深渊，让他身体微微发颤。他有一个月不吃清晨这顿饭了。一顿饭差不多一百块，一个月三千块，攒上一年就够糖糖两个月的幼儿园开销了。

　　他向远处看，城市清理队的车辆已经缓缓开过来了。

　　他开始做准备，若彭蠡再不回来，他就要考虑自己行动了。虽然会带来不少困难，但时间不等人，总得走才行。身边卖大枣的女人高声叫卖，不时打断他的思绪，洪亮的声音刺得他头疼。步行街一端的小摊子开始收拾，人群像用棍子搅动的池塘里的鱼，倏的一下散去。没人会在这时候和清理队较劲。小摊子收拾得比较慢，清理队的车耐心地移动。步行街通常只是步行街，但对清理队的车除外。谁若走得慢了，就被强行收拢起来。

　　这时彭蠡出现了。他剔着牙，敞着衬衫的扣子，不紧不慢地踱回来，不时打着饱嗝。彭蠡六十多岁了，变得懒散不修边幅，两颊像沙皮狗一样耷拉着，让嘴角显得总是不满意地撇着。如果只看这副模样，不知道他年轻时的样子，会以为他只是个胸无大志只知道吃喝的懒蛋。但老刀很小的时候就听父亲讲过彭蠡的事。

老刀迎上前去。彭蠡看到他要打招呼，老刀却打断他："我没时间和你解释。我需要去第一空间，你告诉我怎么走。"

彭蠡愣住了，已经有十年没人跟他提过第一空间的事，他的牙签捏在手里，不知不觉掰断了。他有片刻没回答，见老刀实在有点急了，才拽着他向楼里走。"回我家说。"彭蠡说，"要走也从那儿走。"

在他们身后，清理队已经缓缓开了过来，像秋风扫落叶一样将人们扫回家。"回家啦，回家啦。转换马上开始了。"车上有人吆喝着。

彭蠡带老刀上楼，进屋。他的单人小房子和一般公租屋无异，六平方米房间，一个厕所，一个能做菜的角落，一张桌子一把椅子，胶囊床铺，胶囊下是抽拉式箱柜，可以放衣服物品。墙面上有水渍和鞋印，没做任何修饰，只是歪斜着贴了几个挂钩，挂着夹克和裤子。进屋后，彭蠡把墙上的衣服毛巾都取下来，塞到最靠边的抽屉里。转换的时候，什么都不能挂出来。老刀以前也住这样的单人公租房。一进屋，他就感觉到一股旧日的气息。

彭蠡直截了当地瞪着老刀："你不告诉我为什么，我就不告诉你怎么走。"

已经五点半了，还有半个小时。

老刀简单地讲了事情的始末。从他捡到纸条瓶子，到他偷偷躲入垃圾道，到他在第二空间接到的委托，再到他的行动。他没有时间描述太多，最好马上就走。

"你躲在垃圾道里？去第二空间？"彭蠡皱着眉，"那你得等二十四小时啊。"

"二十万块。"老刀说，"等一礼拜也值啊。"

"你就这么缺钱花？"

老刀沉默了一下。"糖糖还有一年多该去幼儿园了。"他说，"我来不及了。"

老刀去幼儿园咨询的时候，着实被吓到了。稍微好一点的幼儿园招生前两天，就有家长带着铺盖卷在幼儿园门口排队，两个家长轮流，一个吃喝拉撒，另一个坐在幼儿园门口等。就这么等上四十多个小时，还不一定能排进去。前面的名额早用钱买断了，只有最后剩下的寥寥几个名额分给苦熬排队的爹妈。这只是一般不错的幼儿园，更好一点的连

排队都不行，从一开始就是钱买机会。老刀本来没什么奢望，可是自从糖糖一岁半之后，就特别喜欢音乐，每次在外面听见音乐，她就小脸放光，跟着扭动身子手舞足蹈。那个时候的她特别好看。老刀对此毫无抵抗力，他就像被舞台上的灯光层层围绕着，只看到一片耀眼。无论付出什么代价，他都想送糖糖去一家能教音乐和跳舞的幼儿园。

彭蠡脱下外衣，一边洗脸，一边和老刀说话。说是洗脸，不过只是用水随便抹一抹。水马上就要停了，水流已经变得很小。彭蠡从墙上拽下一条脏兮兮的毛巾，随意蹭了蹭，又将毛巾塞进抽屉。他湿漉漉的头发显出油腻的光泽。

"你真是作死。"彭蠡说，"她又不是你闺女，犯得着吗？"

"别说这些了。快告诉我怎么走。"老刀说。

彭蠡叹了口气："你可得知道，万一被抓着，可不只是罚款，得关上好几个月。"

"你不是去过好多次了吗？"

"只有四次。第五次就被抓了。"

"那也够了。我要是能去四次，抓一次也无所谓。"

老刀要去第一空间送一样东西，送到了挣十万块，带来回信挣二十万。这不过是冒违规的大不韪，只要路径和方法对，被抓住的概率并不大，挣的却是实实在在的钞票。他找不出有什么理由拒绝。他知道彭蠡年轻的时候为了几笔风险钱，曾经偷偷进入第一空间好几次，贩卖私酒和烟。他知道这条路能走。

五点四十五分。他必须马上走了。

彭蠡又叹口气，知道劝也没用。他已经上了年纪，对事懒散倦怠了，但他明白，自己在五十岁前也会和老刀一样。那时他不在乎坐牢之类的事。不过是熬几个月出来，挨两顿打，但挣的钱是实实在在的。只要打死不说钱的下落，最后总能过去。秩序局的条子也不过就是例行公事。他把老刀带到窗口，向下指向一条被阴影覆盖的小路。

"从我房子底下爬过去，顺着排水管，毡布底下有我原来安上去的脚蹬，身子贴得足够紧了就能避开摄像头。从那儿过去，沿着阴影爬到边上。你能摸着也能看见那道缝。沿着缝往北走。一定得往北。千万别错了。"

彭蠡接着解释了爬过土地的诀窍。要借着升起的势头，从升高的一侧沿截面爬过五十米，到另一

侧地面，爬上去，然后向东，那里会有一丛灌木，在土地合拢的时候可以抓住并隐藏自己。老刀没有听完，就已经将身子探出窗口，准备向下爬了。

彭蠡帮老刀爬出窗子，扶着他踩稳并踩稳了窗下的踏脚。彭蠡突然停下来。"说句不好听的。"他说，"我还是劝你最好别去。那边可不是什么好地儿，去了之后没别的，只能感觉自己的日子有多操蛋。没劲。"

老刀的脚正在向下试探，身子还扒着窗台。"没事。"他说得有点费劲，"我不去也知道自己的日子有多操蛋。"

"好自为之吧。"彭蠡最后说。

老刀顺着彭蠡指出的路径快速向下爬。脚蹬的位置非常舒服。他看到彭蠡在窗口点了根烟，大口地快速抽了几口，又掐了。彭蠡一度从窗口探出身子，似乎想说什么，但最终还是缩了回去。窗子关上了，发着幽幽的光。老刀知道，彭蠡会在转换前最后一分钟钻进胶囊，和整个城市数千万人一样，受胶囊定时释放出的气体催眠，陷入深深的睡眠，身子随着世界颠来倒去，头脑却一无所知，一睡就是整整四十个小时，到次日晚上再睁开眼睛。彭蠡已经老了，他终于和这个世界其他五千万人一样了。

老刀用自己最快的速度向下，一蹦一跳，在离地足够近的时候纵身一跃，匍匐在地上。彭蠡的房子在四层，离地不远。爬起身，沿高楼在湖边投下的阴影奔跑。他能看到草地上的裂隙，那是翻转的地方。还没跑到，就听到身后在压抑中轰鸣的隆隆声和偶尔清脆的嘎啦声。老刀转过头，高楼拦腰截断，上半截正从天上倒下，缓慢却毋庸置疑地压迫过来。

老刀被镇住了，怔怔看了好一会儿。他跑到缝隙，伏在地上。

转换开始了。这是二十四小时周期的分隔时刻。整个世界开始翻转。钢筋砖块合拢的声音连成一片，像出了故障的流水线。高楼收拢合并，折叠成立方体。霓虹灯、店铺招牌、阳台和附加结构都被吸收入墙体，贴成楼的肌肤。结构见缝插针，每一寸空间都被占满。

大地在升起。老刀观察着地面的走势，来到缝的边缘，又随着缝隙的升起不断向上爬。他手脚并用，从大理石铺就的地面边缘起始，沿着泥土的截面，抓住土里埋藏的金属断茬，最初是向下，用脚

试探着退行，很快，随着整块土地的翻转，他被带到空中。

老刀想到前一天晚上城市的样子。

当时他从垃圾堆中抬起眼睛，警觉地听着门外的声音。周围发酵腐烂的垃圾散发出刺鼻气味，带一股发腥的甜腻。他倚在门前。铁门外的世界在苏醒。

当铁门掀开的缝隙透入第一道街灯的黄色光芒，他俯下身去，从缓缓扩大的缝隙中钻出。街上空无一人，高楼灯光逐层亮起，附加结构从楼两侧探出，向两旁一节一节伸展，门廊从楼体内延伸，房檐沿轴旋转，缓缓落下，楼梯降落延伸到马路上。步行街的两侧，一个又一个黑色立方体从中间断裂，向两侧打开，露出其中货架的结构。立方体顶端伸出招牌，连成商铺的走廊，两侧的塑料棚向头顶延伸闭合。街道空旷得如同梦境。

霓虹灯亮了，商铺顶端闪烁的小灯打出"新疆大枣""东北拉皮""上海烤麸"和"湖南腊肉"等字样。

整整一天，老刀头脑中都忘不了这一幕。他在这里生活了四十八年，还从来没有见过这一切。他的日子总是从胶囊起，至胶囊终，在脏兮兮的餐桌和被争吵萦绕的货摊之间穿行。这是他第一次看到世界纯粹的模样。

每个清晨，如果有人从远处观望——就像大货车司机在高速路北京入口处等待时那样——他会看到整座城市的伸展与折叠。

清晨六点，司机们总会走下车，站在高速路边上，揉着经过一夜潦草睡眠而昏沉的眼睛，打着哈欠，相互指点着望向远处的城市中央。高速路截断在七环之外，所有的翻转都在六环内发生。不远不近的距离，就像遥望西山或是海上的一座孤岛一般。

晨光熹微中，一座城市折叠自身，向地面收拢。高楼像最卑微的仆人，弯下腰，让自己低声下气切断身体，头碰着脚，紧紧贴在一起，然后再次断裂弯腰，将头顶手臂扭曲弯折，插入空隙。高楼弯折之后重新组合，蜷缩成致密的巨大魔方，密密匝匝地聚合到一起，陷入沉睡。然后地面翻转，小块小块土地围绕其轴，一百八十度翻转到另一面，将另一面的建筑楼宇露出地表。楼宇由折叠中站立起身，在灰蓝色的天空中像苏醒的兽类。城市孤岛在橘黄色晨光中落位，展开，站定，腾起弥漫的灰

色苍云。

司机们就在困倦与饥饿中欣赏这一幕无穷循环的城市戏剧。

>> 二

折叠城市分为三层空间。大地的一面是第一空间,五百万人口,生存时间是从清晨六点到第二天清晨六点。空间休眠,大地翻转。翻转后的另一面是第二空间和第三空间。第二空间生活着两千五百万人口,从次日清晨六点到夜晚十点,第三空间生活着五千万人,从夜晚十点到清晨六点,然后回到第一空间。时间经过了精心规划和最优分配,小心翼翼地隔离,五百万人享用二十四小时,七千五百万人享用另外二十四小时。

大地的两侧重量并不均衡,为了平衡这种不均,第一空间的土地更厚,土壤里埋藏配重物质。人口和建筑的失衡用土地来换。第一空间居民也因而认为自身的底蕴更厚。

老刀从小生活在第三空间。他知道自己的日子是什么样,不用彭蠡说他也知道。他是个垃圾工,做了二十八年垃圾工,在可预见的未来还将一直做下去。他还没找到可以独自生存的意义和最后的怀疑主义。他仍然在卑微生活的间隙占据一席。

老刀生在北京城,父亲就是垃圾工。据父亲说,他出生的时候父亲刚好找到这份工作,为此庆贺了整整三天。父亲本是建筑工,和数千万其他建筑工一样,从四方拥到北京寻工作,这座折叠城市就是父亲和其他人一起亲手建的。一个区一个区改造旧城市,像白蚁漫过木屋一样啃噬昔日的屋檐门槛,再把土地翻起,建筑全新的楼宇。他们埋头斧凿,用累累砖块将自己包围在中间,抬起头来也看不见天空,沙尘遮挡视线,他们不知晓自己建起的是怎样的恢宏。直到建成的日子高楼如活人一般站立而起,他们才像惊呆了一样四处奔逃,仿佛自己生下了一个怪胎。奔逃之后,镇静下来,又意识到未来生存在这样的城市会是怎样一种殊荣,便继续辛苦摩拳擦掌,低眉顺眼勤恳辛劳,寻找各种存留下来的机会。据说城市建成的时候,有八千万想要寻找工作留下来的建筑工,而最后能留下来的,不过两千万。

能找到垃圾站的工作也不容易,虽然只是垃圾分类处理,但还是层层筛选,要有力气有技巧,能分辨能整理,不怕辛苦不怕恶臭,不对环境挑三拣四。老刀的父亲靠顽强的意志在汹涌的人流中抓住机会的细草,待人潮退去,留在干涸的沙滩上,抓住工作机会,低头俯身,艰难浸在人海和垃圾混合的酸朽气味中,一干就是二十年。他既是这座城市的建造者,也是这座城市的居住者和分解者。

老刀出生时,折叠城市才建好两年,他从来没去过其他地方,也没想过要去其他地方。他上了小学、中学。考了三年大学,没考上,最后还是做了垃圾工。他每天上五个小时班,从夜晚十一点到清晨四点,在垃圾站和数万同事一起,快速而机械地用双手处理废物垃圾,将第一空间和第二空间传来的生活碎屑转化为可利用的分类材质,再丢入再处理的熔炉。他每天面对垃圾传送带上如溪水涌出的残渣碎片,从塑料碗里抠去吃剩的菜叶,将破碎酒瓶拎出,把带血的卫生巾后面未受污染的一层薄膜撕下,丢入可回收的带着绿色条纹的圆桶。他们就这么忙着,以速度换生命,以数量换取薄如蝉翼般仅有的奖金。

第三空间有两千万垃圾工,他们是夜晚的主人。另外三千万人靠贩卖衣服食物燃料和保险过活,但绝大多数人心知肚明,垃圾工才是第三空间繁荣的支柱。每每在繁华似锦的霓虹灯下漫步,老刀就觉得头顶都是食物残渣构成的彩虹。这种感觉他没法和人交流,年轻一代不喜欢做垃圾工,他们千方百计在舞厅里表现自己,希望能找到一个打碟或伴舞的工作。在服装店做一个店员也是好的选择,手指只拂过轻巧衣物,不必在泛着酸味的腐烂物中寻找塑料和金属。少年们已经不那么恐惧生存,他们更在意外表。

老刀并不嫌弃自己的工作,但他去第二空间的时候,非常害怕被人嫌弃。

那是前一天清晨的事。他捏着小纸条,偷偷从垃圾道里爬出,按地址找到写纸条的人。第二空间和第三空间的距离没那么远,它们都在大地的同一面,只是不同时间出没。转换时,一个空间高楼折起,收回地面,另一个空间高楼从地面中节节升高,踩着前一个空间的楼顶作为地面。唯一的差别是楼的密度。他在垃圾道里躲了一昼夜才等到空间敞开。他第一次到第二空间,并不紧张,唯一担心的是身上腐坏的气味。

所幸秦天是宽容大度的人。也许他早已想到自己将招来什么样的人,当小纸条放入瓶中的时候,他就知道自己将面对的是谁。

秦天很和气，一眼就明白了老刀前来的目的，将他拉入房中，给他提供热水洗澡，还给他一件浴袍换上。"我只有依靠你了。"秦天说。

秦天是研究生，住学生公寓。一个公寓四个房间，四个人一人一间，一个厨房两个厕所。老刀从来没有在这么大的厕所洗过澡。他很想多洗一会儿，将身上的气味好好冲一冲，但又担心将澡盆弄脏，不敢用力搓动。墙上喷出泡沫的时候他吓了一跳，热蒸汽烘干也让他不适应。洗完澡，他拿起秦天递过来的浴袍，犹豫了很久才穿上。他把自己的衣服洗了，又洗了厕所盆里随意扔着的几件衣服。生意是生意，他不想欠人情。

秦天要送礼物给他相好的女孩子。他们在工作中认识，当时秦天有机会去第一空间实习，联合国经济司，她也在那边实习。可惜只有一个月，回来就没法再去了。他说她生在第一空间，家教严格，父亲不让她交往第二空间的男孩，所以不敢用官方通道寄给她。他对未来充满乐观，等他毕业就去申请联合国新青年项目，如果能入选，就也能去第一空间工作。他现在研一，还有一年毕业。他心急如焚，想她想得发疯。他给她做了一个项链坠，能发光的材质，透明的，玫瑰花造型，作为他的求婚信物。

"我当时是在一个专题研讨会，就是上回讨论联合国国债那会，你应该听说过吧？就是那个……这不是重点，我当时一看，啊……立刻跑过去跟她说话，她给嘉宾引导座位，我也不知道应该说点什么，就在她身后走过来又走过去。最后我假装要找同传，让她带我去找。她特温柔，说话细声细气。我压根就没追过姑娘，特别紧张……我们俩好了之后有一次说起这件事……你笑什么……对，我们是好了……还没到那种关系，就是……不过我亲过她了。"秦天也笑了，有点不好意思，"是真的。你不信吗？是。连我自己也不信。你说她会喜欢我吗？"

"我不知道啊。"老刀说，"我又没见过她。"

这时，秦天同屋的一个男生凑过来，笑道："大叔，您这么认真干吗？这家伙哪是问你，他就是想听人说'你这么帅，她当然会喜欢你'。"

"她很漂亮吧？"

"我跟你说也不怕你笑话。"秦天在屋里走来走去，"你见到她就知道什么叫清雅绝伦了。"

秦天突然顿住了，不说了，陷入回忆。他想起依言的嘴，他最喜欢的就是她的嘴，那么小小的，莹润的，下嘴唇饱满，带着天然的粉红色，让人看着看着就忍不住想咬一口。她的脖子也让他动心，虽然有时瘦得露出筋，但线条是纤直而好看的，皮肤又白又细致，从脖子一直延伸到衬衫里，让人的视线忍不住停在衬衫的第二个扣子那里。他第一次轻吻她时，她躲开，他又吻，最后她退无可退，就把眼睛闭上了，像任人宰割的囚犯，引他一阵怜惜。她的唇很软，他用手反复感受她腰和臀部的曲线。从那天开始，他就居住在思念中。她是他夜晚的梦境，是他抖动自己时看到的光芒。

秦天的同学叫张显，开始和老刀聊天，聊得很欢。

张显问老刀第三空间的生活如何，又说他自己也想去第三空间住一段时间。他听人说，如果将来想往上爬，有过第三空间的管理经验是很有用的。现在几个当红的人物，当初都是先到第三空间做管理者，然后才升到第一空间，若是停留在第二空间，就什么前途都没有，就算当个行政干部，一辈子级别也高不了。他将来想要进政府，已经想好了路。不过他说他现在想先挣两年钱再说，去银行来钱快。他见老刀的反应很迟钝，几乎不置可否，以为老刀厌恶这条路，就忙不迭地又加了几句解释。

"现在政府太混沌了，做事太慢，僵化，体制也改不动。"他说，"等我将来有了机会，我就推行快速工作作风改革。干得不行就滚蛋。"他看老刀还是没说话，又说，"选拔也要放开。也向第三空间放开。"

老刀没回答。他其实不是厌恶，只是不大相信。

张显一边跟老刀聊天，一边对着镜子打领带，喷发胶。他已经穿好了衬衫，浅蓝色条纹，亮蓝色领带。喷发胶的时候一边闭着眼睛皱着眉毛避开喷雾，一边吹口哨。

张显夹着包走了，去银行实习上班。秦天说着话也要走。他还有课，要上到下午四点。临走前，他当着老刀的面把五万块定金从网上转到老刀卡里，说好了剩下的钱等他送到再付。老刀问他这笔钱是不是攒了很久，看他是学生，如果拮据，少要一点也可以。秦天说没事，他现在实习，给金融咨询公司打工，一个月差不多十万块。这也就是两个月工资，还出得起。老刀一个月一万块标准工资，他看到了差距，但他没有说。秦天要老刀务必带回信回来，老刀说试试。秦天给老刀指了吃喝的所在，叫他安心地在房间里等转换。

老刀从窗口看向街道。他很不适应窗外的日光。太阳居然是淡白色，不是黄色。日光下的街道也显得宽阔，老刀不知道是不是错觉，这街道看上去有第三空间的两倍宽。楼并不高，比第三空间矮很多。路上的人很多，匆匆忙忙都在急着赶路，不时有人小跑着想穿过人群，前面的人就也加起速来，穿过路口的时候，所有人都像是小跑着。大多数人穿得整齐，男孩子穿西装，女孩子穿衬衫和短裙，脖子上围巾低垂，手里拎着线条硬朗的小包，看上去精干。街上汽车很多，在路口等待的时候，不时有人从车窗伸出头，焦急地向前张望。老刀很少见到这么多车，他平时习惯于磁悬浮，挤满人的车厢从身边加速，呼地生起一阵风。

中午十二点的时候，走廊里一阵声响。老刀从门上的小窗向外看。楼道地面化为传送带开始滚动，将各屋门口的垃圾袋推入尽头的垃圾道。楼道里腾起雾，化为密实的肥皂泡沫，飘飘忽忽地沉降，然后是一阵水，水过了又一阵热蒸汽。

背后突然有声音，吓了老刀一跳。他转过身，发现公寓里还有一个男生，刚从自己房间里出来。男生面无表情，看到老刀也没有打招呼。他走到阳台旁边的一台机器旁边，点了点，机器里传出咔咔唰唰轰轰嚓嚓的声音，一阵香味飘来，男生端出一盘菜又回了房间。从他半开的门缝看过去，男孩坐在地上的被子和袜子中间，瞪着空无一物的墙，一边吃一边咯咯地笑。他不时用手推一推眼镜。吃完把盘子放在脚边，站起身，同样对着空墙做击打动作，费力气顶住某个透明的影子，偶尔来一个背摔，气喘吁吁。

老刀对第二空间最后的记忆是街上撤退时的优雅。从公寓楼的窗口望下去，一切都带着令人羡慕的秩序感。九点十五分开始，街上一间间卖衣服的小店开始关灯，聚餐之后的团体面色红润，相互告别。年轻男女在出租车外亲吻。然后所有人回楼，世界蛰伏。

夜晚十点到了。他回到他的世界，回去上班。

>> 三

第一空间和第三空间之间没有连通的垃圾道，第一空间的垃圾经过一道铁闸，运到第三空间之后，铁闸迅速合拢。老刀不喜欢从地表翻越，但他没有办法。

他在呼啸的风中爬过翻转的土地，抓住每一寸零落的金属残渣，找到身体和心理平衡，最后匍匐在离他最遥远的一重世界的土地上。他被整个攀爬弄得头昏脑涨，胃也不舒服。他忍住呕吐，在地上趴了一会儿。

当他爬起身的时候，天亮了。

老刀从来没有见过这样的景象。太阳缓缓升起，天边是深远而纯净的蓝，蓝色下沿是橙黄色，有斜向上的条状薄云。太阳被一处屋檐遮住，屋檐显得异常黑，屋檐背后明亮夺目。太阳升起时，天的蓝色变浅了，但是更宁静透亮。老刀站起身，向太阳的方向奔跑。他想要抓住那道褪去的金色。蓝天中能看见树枝的剪影。他的心狂跳不已。他从来不知道太阳升起竟然如此动人。

他跑了一段路，停下来，冷静了。他站在街道中央。路的两旁是高大树木和大片草坪。他环视四周，目力所及，远远近近都没有一座高楼。他迷惑了，不确定自己是不是真的到了第一空间。他能看见两排粗壮的银杏。

他又退回几步，看着自己跑来的方向。街边有一个路牌。他打开手机里存的地图，虽然没有第一空间动态图权限，但有事先下载的静态图。他找到了自己的位置和他要去的地方。他刚从一座巨大的园子里奔出来，翻转的地方就在园子的湖边。

老刀在万籁俱寂的街上跑了一公里，很容易找到了要找的小区。他躲在一丛灌木背后，远远地望着那座漂亮的房子。

八点三十分，依言出来了。

她像秦天描述的一样清秀，只是没有那么漂亮。老刀早就能想到这点。不会有任何女孩长得像秦天描述的那么漂亮。他明白了为什么秦天看重讲她的嘴。她的眼睛和鼻子很普通，只是比较秀气，没什么好讲的。她的身材还不错，骨架比较小，虽然高，但看上去很纤细。穿了一条乳白色连衣裙，有飘逸的裙摆，腰带上有珍珠，黑色高跟皮鞋。

老刀悄悄走上前去。为了不吓到她，他特意从正面走过去，离得远远的就鞠了一躬。

她站住了，惊讶地看着他。

老刀走近了，说明来意，将包裹着情书和项链坠的信封从怀里掏出来。

她的脸上滑过一丝惊慌，小声说："你先走，我现在不能和你说。"

"呃……我其实没什么要说的。"老刀说，"我只是送信的。"

她不接，双手紧紧地交握着，只是说："我现在不能收。你先走。我是说真的，拜托了，你先走好吗？"她说着低头，从包里掏出一张名片，"中午到这里找我。"

老刀低头看看，名片上写着一个银行的名字。

"十二点。到地下超市等我。"她又说。

老刀看得出她过分的不安，于是点头收起名片，回到隐身的灌木丛后，远远地观望着。很快，又有一个男人从房子里出来，到她身边。男人看上去和老刀年龄相仿，或者年轻两岁，穿着一套很合身的深灰色西装，身材高而宽阔，虽没有突出的肚子，但是觉得整个身体很厚。男人的脸无甚特色，戴眼镜，圆脸，头发向一侧梳得整齐。

男人搂住依言的腰，吻了她嘴唇一下。依言想躲，但没躲开，颤抖了一下，手挡在身前显得非常勉强。

老刀开始明白了。

一辆小车开到房子门前。单人双轮小车，黑色，敞篷，就像电视里看到的古代的马车或黄包车，只是没有马拉，也没有车夫。小车停下，歪向前，依言踏上去，坐下，拢住裙子，让裙摆均匀覆盖膝盖，散到地上。小车缓缓开动了，就像有一匹看不见的马拉着一样。依言坐在车里，小车缓慢而波澜不惊。等依言离开，一辆无人驾驶的汽车开过来，男人上了车。

老刀在原地来回踱着步子。他觉得有些东西非常憋闷，但又说不出来。他站在阳光里，闭上眼睛，清晨蓝天下清凛干净的空气沁入他的肺。空气给他一种冷静的安慰。

片刻之后，他才上路。依言给的地址在她家东面，三公里多一点。街上人很少。八车道的宽阔道路上行驶着零星车辆，快速经过，让人看不清车的细节。偶尔有身着华服的女人乘坐着双轮小车从他身旁缓缓飘过，沿步行街，像一场时装秀，端坐着，姿态优美。没有人注意到老刀。绿树摇曳，树叶下的林荫路留下长裙的气味。

依言的办公地在西单某处。这里完全没有高楼，只是围绕着一座花园有零星分布的小楼，楼与楼之间的联系气若游丝，几乎看不出它们是一体。走到地下，才看到相连的通道。

老刀找到超市。时间还早。一进入超市，就有一辆小车跟上他，每次他停留在货架旁，小车上的

屏幕上就显示出这件货物的介绍、评分和同类货物质量比。超市里的东西都写着他看不懂的文字。食物包装精致，小块糕点和水果用诱人的方式摆在盘里，等人自取。他没有触碰任何东西，仿佛它们是危险的动物。整个超市似乎并没有警卫或店员。

还不到十二点，顾客就多了起来。有穿西装的男人走进超市，取三明治，在门口刷一下就匆匆离开。还是没有人特别注意老刀。他在门口不起眼的位置等着。

依言出现了。老刀迎上前去，依言看了看左右，没说话，带他去了隔壁的一家小餐厅。两个穿格子裙的小机器人迎上来，接过依言手里的小包，又带他们到位子上，递上菜单。依言在菜单上按了几下，小机器人转身，轮子平稳地滑回了后厨。

两个人面对面坐了片刻，老刀又掏出信封。

依言却没有接："……你能听我解释一下吗？"

老刀把信封推到她面前："你先收下这个。"

依言推回给他。

"你先听我解释一下行吗？"依言又说。

"你没必要跟我解释。"老刀说，"信不是我写的。我只是送信而已。"

"可是你回去要告诉他的。"依言低了低头。小机器人送上了两个小盘子，一人一份，是某种红色的生鱼片，薄薄两片，摆成花瓣的形状。依言没有动筷子，老刀也没有。信封被小盘子隔在中央，两个人谁也没再推，"我不是背叛他。去年他来的时候我就已经订婚了。我也不是故意瞒他或欺骗他，或者说……是的，我骗了他，但那是他自己猜的。他见到吴闻来接我，就问是不是我爸爸。我……我没法回答他。你知道，那太尴尬了。我……"

依言说不下去了。

老刀等了一会儿说："我不想追问你们之前的事。你收下信就行了。"

依言低头好一会儿又抬起来："你回去以后，能不能替我瞒着他？"

"为什么？"

"我不想让他以为我是坏女人耍他。其实我心里是喜欢他的。我也很矛盾。"

"这些和我没关系。"

"求你了……我是真的喜欢他。"

老刀沉默了一会儿，他需要做一个决定。

"可是你还是结婚了？"他问她。

"吴闻对我很好。好几年了。"依言说，"他

认识我爸妈。我们订婚也很久了。况且……我比秦天大三岁，我怕他不能接受。秦天以为我是实习生。这点也是我不好，我没说实话。最开始只是随口说的，到后来就没法改口了。我真的没想到他是认真的。"

依言慢慢透露了她的信息。她是这个银行的总裁助理，已经工作两年多了，只是被派往联合国参加培训，赶上那次会议，就帮忙参与了组织。她不需要上班，老公挣的钱足够多，可她不希望总是一个人待在家里，才出来上班，每天只工作半天，拿半薪。其余的时间自己安排，可以学一些东西。她喜欢学新东西，喜欢认识新人，也喜欢联合国培训的那几个月。她说像她这样的太太很多，半职工作也很多。中午她下了班，下午会有另一个太太去做助理。她说虽然对秦天没有说实话，可是她的心是真诚的。

"所以……"她给老刀夹了新上来的热菜，"你能不能暂时不告诉他？等我……有机会亲自向他解释可以吗？"

老刀没有动筷子。他很饿，可是他觉这时不能吃。

"可是这等于说我也得撒谎。"老刀说。

依言回身将小包打开，将钱取出来，掏出五张一万块的纸币推给老刀："一点心意，你收下。"

老刀愣住了。他从来没见过一万块钱的纸钞。他生活里从来不需要花这么大的面额。他不由自主地站起身，感到恼怒。依言推出钱的样子就像是早预料到他会讹诈，这让他受不了。他觉得自己如果拿了，就是接受贿赂，将秦天出卖了。虽然他和秦天并没有任何结盟关系，但他觉得自己在背叛他。老刀很希望自己这个时候能将钱扔在地上，转身离去，可是他做不到这一步。他又看了几眼那几张钱，五张薄薄的纸散开摊在桌子上，像一把破扇子。他能感觉它们在他体内产生的力量。它们是淡蓝色，和一千块的褐色与一百块的红色都不一样，显得更加幽深遥远，像一种挑逗。他几次想再看一眼就离开，可是一直没做到。

她仍然匆匆翻动小包，前前后后都翻了，最后从一个内袋里又拿出五万块，和刚才的钱摆在一起。"我只带了这么多，你都收下吧。"她说，"你帮帮我。其实我之所以不想告诉他，也是不确定以后会怎么样。也许我有一天真的会有勇气和他在一起呢。"

老刀看看那十张纸币，又看看她。他觉得她并不相信自己的话，她的声音充满迟疑，出卖了她的心。她只有将一切都推到将来，以消解此时此刻的难堪。她很可能不会和秦天私奔，可是也不想让他讨厌她，于是留着可能性，让自己好过一点。老刀能看出她在骗她自己，可是他也想骗自己。他对自己说，他对秦天没有任何义务，秦天只是委托他送信，他把信送到了，现在这笔钱是另一项委托，保守秘密的委托。他又对自己说，也许她和秦天将来真的能在一起也说不定，那样就是成人之美。他还说，想想糖糖，为什么去管别人的事而不管糖糖呢。他似乎安定了一些，手指不知不觉触到了钱的边缘。

"这钱……太多了。"他给自己一个台阶下，"我不能拿这么多。"

"拿着吧，没事。"她把钱塞到他手里，"我一个礼拜就挣出来了。没事的。"

"……那我怎么跟他说？"

"你就说我现在不能和他在一起，但是我真的喜欢他。我给你写个字条，你帮我带给他。"依言从包里找出一个画着孔雀绣着金边的小本子，轻盈地撕下一张纸，低头写字。她的字看上去像倾斜的芦苇。

最后，老刀离开餐厅的时候，又回头看了一眼。依言的眼睛注视着墙上的一幅画。她的姿态静默优雅，看上去像永远都不会离开这里似的。

他用手捏了捏裤子口袋里的纸币。他讨厌自己，可是他想把纸币抓牢。

>> 四

老刀从西单出来，依原路返回。重新走上的路，他觉得倦意丛生，一步也跑不动了。宽阔的步行街两侧是一排垂柳和一排梧桐，正是晚春，都是鲜亮的绿色。他让倦意丛生的午后阳光照亮僵硬的面孔，也照亮空乏的心底。

他回到早上离开的园子，赫然发现园子里来往的人很多。园子外面两排银杏树庄严茂盛。园门口不时有黑色小汽车驶入。园里的人多半穿着材质顺滑、剪裁合体的西装，也有穿黑色中式正装的，看上去都有一番眼高于顶的气质。也有外国人。他们有的正在和身边人讨论什么，有的远远地相互打招呼，笑着携手向前走。

老刀犹豫了一下要到哪里去，街上人很少，他一个人站着极为显眼，去公共场所又容易被注意，他很想回到园子里，早一点找到转换地，到一个没人的角落睡上一觉。他太困了，又不敢在街上睡。他见出入园子的车辆并无停滞，就也尝试着向里走。直到走到园门边上，他才发现有两个小机器人左右逡巡。其他人和车走过都毫无问题，到了老刀这里，小机器人忽然发出嘀嘀的叫声，转着轮子向他驶来。声音在宁静的午后显得刺耳。园里人的目光汇集到他身上。他慌了，不知道是不是自己的衬衫太寒酸。他尝试着低声对小机器人说话，说他的西装落在里面了，可是小机器人只是嘀嘀嗒嗒地叫着，头顶红灯闪烁，什么都不听。园里的人们停下脚步看着他，像是看到小偷或奇怪的人。很快，从最近的建筑中走出三个男人，步履匆匆地向他们跑过来。老刀紧张极了，他想退出去，已经太晚了。

"出什么事了？"领头的人高声询问着。

老刀想不出解释的话，手下意识地搓着裤子。

一个三十几岁的男人走在最前面，一到跟前就用一个纽扣一样的小银盘上上下下地晃，手的轨迹围绕着老刀。他用怀疑的眼神打量他，像试图用罐头刀撬开他的外壳。

"没记录。"男人将手中的小银盘向身后更年长的男人示意，"带回去吧？"

老刀突然向后跑，向园外跑。

可没等他跑出去，两个小机器人悄无声息挡在他面前，扣住他的小腿。它们的手臂是箍，轻轻一扣就合上。他一下子跟跄了，差点摔倒又摔不倒，手臂在空中无力地乱画。

"跑什么？"年轻男人更严厉地走到他面前，瞪着他的眼睛。

"我……"老刀头脑嗡嗡响。

两个小机器人将他的两条小腿扣紧，抬起，放在它们轮子边上的平台上，然后异常同步地向最近的房子驶去，平稳迅速，保持并肩，从远处看上去，或许会以为老刀脚踩风火轮。老刀毫无办法，除了心里暗叫一声糟糕，简直没有别的话说。他懊恼自己如此大意，人这么多的地方，怎么可能没有安全保障。他责怪自己是困倦得昏了头，竟然在这样大的安全环节上犯如此低级的错误。这下一切完蛋了，他想，钱都没了，还要坐牢。

小机器人从小路绕向建筑后门，在后门的门廊里停下来。三个男人跟了上来。年轻男人和年长男人似乎就老刀的处理问题起了争执，但他们的声音很低，老刀听不见。片刻之后，年长男人走到他身边，将小机器人解锁，然后拉着他的大臂走上二楼。

老刀叹了一口气，横下一条心，觉得事到如今，只好认命。

年长者带他进入一个房间。他发现这是一个旅馆房间，非常大，比秦天的公寓客厅还大，似乎有自己租的房子两倍大。房间的色调是暗沉的金褐色，一张极宽大的双人床摆在中央。床头背后的墙面上是颜色过渡的抽象图案，落地窗，白色半透明纱帘，窗前是一个小圆桌和两张沙发。他心里惴惴。不知道年长者的身份和态度。

"坐吧，坐吧。"年长者拍拍他肩膀，笑笑，"没事了。"

老刀狐疑地看着他。

"你是第三空间来的吧？"年长者把他拉到沙发边上，伸手示意。

"您怎么知道？"老刀无法撒谎。

"从你裤子上。"年长者用手指指他的裤腰，"你那商标还没剪呢。这牌子只有第三空间有卖的。我小时候我妈就喜欢给我爸买这牌子。"

"您是……"

"别您您的，叫你吧。我估摸着我也比你大不了几岁。你今年多大？我五十二……你看看，就比你大四岁。"他顿了一下，又说，"我叫葛大平，你就叫我老葛吧。"

老刀放松了些。老葛把西装脱了，活动了一下肩膀，从墙壁里接了一杯热水，递给老刀。他长长的脸，眼角眉梢和两颊都有些下坠，戴一副眼镜，也向下耷拉着，头发有点自来卷，蓬松地堆在头顶，说起话来眉毛一跳一跳，很有喜剧效果。他自己泡了点茶，问老刀要不要，老刀摇摇头。

"我原来也是第三空间的。咱也算半个老乡吧。"老葛说，"所以不用太拘束。我还是能管点事儿的，不会把你送出去。"

老刀长长地出了口气，心里感叹万幸。他于是把自己到第二空间、第一空间的始末讲了一遍，略去依言感情的细节，只说送到了信，就等着回去。

老葛于是也不见外，把他自己的情况讲了。他从小也在第三空间长大，父母都给人送货。十五岁的时候考上了军校，后来一直当兵，文化兵，研究雷达，能吃苦，技术又做得不错，赶上机遇又好，居然升到了雷达部门主管，大校军衔。家里没背景不可能再升，就申请转业，到了第一空间一个支持性部门，专给政府企业做后勤保障，组织会议出行，安排各种场面。虽然是蓝领的活儿，但因为涉及的都是政要，又要协调管理，就一直住在第一空间。这种人也不少，厨师、大夫、秘书、管家，都算是高级蓝领了。他们这个机构安排过很多重大场合，老葛现在是主任。老刀知道，老葛说得谦虚，说是蓝领，其实能在第一空间做事的都是牛人，即使厨师也不简单，更何况他从第三空间上来，能管雷达。

"你在这儿睡一会儿。晚上我带你吃饭去。"老葛说。

老刀受宠若惊，不大相信自己的好运。他心里还有担心，但是白色的床单和错落堆积的枕头显出召唤气息，他的腿立刻发软了，倒头昏昏沉沉睡了几个小时。

醒来的时候天色暗了，老葛正对着镜子抿头发。他向老刀指了指沙发上的一套西装制服，让他换上，又给他胸口别上一个微微闪着红光的小徽章，身份认证。

下楼来，老刀发现原来这里有这么多人。似乎刚刚散会，三三两两聚集在大厅里说话。大厅一侧是会场，门还开着，门看上去很厚，包着红褐色皮子；另一侧是一个一个铺着白色桌布的高脚桌，桌布在桌面下用金色缎带打了蝴蝶结，桌中央的小花瓶插着一枝百合，花瓶旁边摆着饼干和干果，一旁的长桌上则有红酒和咖啡供应。聊天的人们在高脚桌之间穿梭，小机器人头顶托盘，收拾喝光的酒杯。

老刀尽量镇定地跟着老葛。走到会场内，他忽然看到一面巨大的展示牌，上面写着——

折叠城市五十年。

"这是……什么？"他问老葛。

"哦，庆典啊。"老葛正在监督场内布置，"小赵，来一下，你去把桌签再核对一遍。机器人有时候还是不如人靠谱，它们认死理儿。"

老刀看到，会场里现在是晚宴的布置，每张大圆桌上都摆着鲜艳的花朵。

他有一种恍惚的感觉，站在角落里，看着会场中央巨大的吊灯，像是被某种光芒四射的现实笼罩，却只存在于它的边缘。舞台中央是演讲的高台，背后的布景流动播映着北京城的画面。大概是航拍，拍到了全城的风景，清晨和日暮的光影，紫红色暗蓝色天空，云层快速流转，月亮从角落上升起，太阳在屋檐边沉落。大气中正的布局，沿中轴线对

称的城市设计，延伸到六环的青砖院落和大面积绿地花园。中式风格的剧院，日本式美术馆，极简主义风格的音乐厅建筑群。然后是城市的全景，真正意义上的全景，包含转换的整个城市双面镜头：大地翻转，另一面城市，边角锐利的写字楼，朝气蓬勃的上班族；夜晚的霓虹，白昼一样的天空，高耸入云的公租房，影院和舞厅的娱乐。

只是没有老刀上班的地方。

他仔细地盯着屏幕，不知道其中会不会展示建城时的历史。他希望能看见父亲的时代。小时候父亲总是用手指着窗外的楼，说"当时我们……"狭小的房间正中央挂着陈旧的照片，照片里的父亲重复着垒砖的动作，一遍一遍无穷无尽。他那时每天都要看那照片很多遍，几乎已经腻烦了，可是这时他希望影像中出现哪怕一小段垒砖的镜头。

他沉浸在自己的恍惚中。这也是他第一次看到转换的全景。他几乎没注意到自己是怎么坐下的，也没注意到周围人的落座，台上人讲话的前几分钟，他并没有注意听。

"……有利于服务业的发展，服务业依赖于人口规模和密度。我们现在的城市服务业已经占到国内生产总值百分之八十五以上，符合世界一流都市的普遍特征。另外最重要的就是绿色经济和循环经济。"这句话抓住了老刀的注意力，循环经济和绿色经济是他们工作站的口号，写得比人还大贴在墙上。他望向台上的演讲人，是个白发老人，但是精神显得异常饱满，"……通过垃圾的完全分类处理，我们提前实现了本世纪节能减排的国标，减少污染，也发展出成体系成规模的循环经济，每年废旧电子产品中回收的贵金属已经完全投入再生产，塑料的回收率也已达到百分之八十以上。回收直接与再加工工厂相连……"

老刀有远亲在再加工工厂工作，在科技园区，远离城市，只有工厂和工厂。据说那边的工厂都差不多，机器自动作业，工人很少，少量工人晚上聚集在一起，就像荒野部落。

他仍然恍惚着。演讲结束之后，热烈的掌声响起，才将他从自己的纷乱念头中拉出来，他也跟着鼓了掌，虽然不知道为什么。他看到演讲人从舞台上走下来，回到主桌上正中间的座位。所有人的目光都跟着他。

忽然老刀看到了吴闻。

吴闻坐在主桌旁边一桌，见演讲人回来就起身去敬酒，然后似乎有什么话要问演讲人。演讲人又站起身，跟吴闻一起到大厅里。老刀不自觉地站起来，心里充满好奇，也跟着他们。老葛不知道到哪里去了，周围开始上菜。

老刀到了大厅，远远地观望，对话只能听见片段。

"……批这个有很多好处。"吴闻说，"是，我看过他们的设备了……自动化处理垃圾，用溶液消解，大规模提取材质……清洁，成本也低……您能不能考虑一下？"

吴闻的声音不高，但老刀清楚地听见"处理垃圾"的字眼，不由自主凑上前去。

白发老人的表情相当复杂，他等吴闻说完，过了一会儿才问："你确定溶液无污染？"

吴闻有点犹豫："现在还是有一点……不过很快就能减到最低。"

老刀离得很近了。

白发老人摇了摇头，眼睛盯着吴闻："事情哪有那么简单，你这个项目要是上马了，大规模改造，又不需要工人，现在那些劳动力怎么办，上千万垃圾工失业怎么办？"

白发老人说完转过身，又返回会场。吴闻呆愣愣地站在原地。一个从始至终跟着老人的秘书模样的人走到吴闻身旁，同情地说："您回去好好吃饭吧。别想了。其实您应该明白这道理，就业的事是顶天的事。您以为这种技术以前就没人做吗？"

老刀能听出这是与他有关的事，但他摸不准怎样是好的。吴闻的脸显出一种迷惑、懊恼而又顺从的神情，老刀忽然觉得，他也有软弱的地方。

这时，白发老人的秘书忽然注意到老刀。

"你是新来的？"他突然问。

"啊……嗯。"老刀吓了一跳。

"叫什么名字？我怎么不知道最近进人了。"

老刀有些慌，心怦怦跳，他不知道该说些什么。他指了指胸口上别着的工作人员徽章，仿佛期望那上面有个名字浮现出来。但徽章上什么都没有。他的手心涌出汗。秘书看着他，眼中的怀疑更甚了。他随手拉住一个会务人员，那人说不认识老刀。

秘书的脸铁青着，一只手抓住老刀的手臂，另一只手拨了通讯器。

老刀的心提到嗓子眼，就在那一刹那，他看到了老葛的身影。

老葛一边匆匆跑过来，一边按下通讯器，笑着和秘书打招呼，点头弯腰，向秘书解释说这是临时从其他单位借调过来的同事，开会人手不够，临时帮忙的。秘书见老葛知情，也就不再追究，返回会场。老葛将老刀又带回自己的房间，免得再被人撞见检查。深究起来没有身份认证，老葛也做不了主。

"没有吃席的命啊。"老葛笑道，"你等着吧，待会儿我给你弄点吃的回来。"

老刀躺在床上，又迷迷糊糊睡了。他反复想着吴闻和白发老人说的话，自动垃圾处理，这是什么样的呢，如果真的这样，是好还是不好呢。

再次醒来时，老刀闻到一股香味，老葛已经在小圆桌上摆了几碟子菜，正在从墙上的烤箱中把剩下一个菜端出来。老葛又拿来半瓶白酒和两个玻璃杯，倒上。

"有一桌就坐了两人，我把没怎么动过的菜弄了点回来，你凑合吃，别嫌弃就行。他们吃了一会儿就走了。"老葛说。

"哪儿能嫌弃呢。"老刀说，"有口吃的就感激不尽了。这么好的菜。这些菜很贵吧？"

"这儿的菜不对外，所以都不标价。我也不知道多少钱。"老葛已经开动了筷子，"也就一般吧。估计一两万之间，个别贵一点可能三四万。就那么回事。"

老刀吃了两口就真的觉得饿了。他有抗饥饿的办法，忍上一天不吃东西也可以，身体会有些颤抖发飘，但精神不受影响。直到这时，他才发觉自己的饥饿。他只想快点咀嚼，牙齿的速度赶不上胃口空虚的速度。吃得急了，就喝一口。这白酒很香，不辣。老葛慢悠悠地，微笑着看着他。

"对了……"老刀吃得半饱时，想起刚才的事，"今天那个演讲人是谁？我看着很面熟。"

"也总上电视嘛。"老葛说，"我们的顶头上司。很厉害的老头儿。他可是管实事儿的，城市运作的事儿都归他管。"

"他们今天说起垃圾自动处理的事儿。你说以后会改造吗？"

"这事儿啊，不好说。"老葛咂了口酒，打了个嗝，"我看够呛。关键是，你得知道当初为啥弄人工处理。其实当初的情况就跟欧洲二十世纪末差不多，经济发展，但失业率上升，印钱也不管用，菲利普斯曲线不符合。"

他看老刀一脸茫然，呵呵笑了起来："算了，这些东西你也不懂。"

他跟老葛碰了碰杯子，两人一齐喝了又斟上。

"反正就说失业吧，这你肯定懂。"老葛接着说，"人工成本往上涨，机器成本往下降，到一定时候就是机器便宜，生产力一改造，升级了，国内生产总值上去了，失业也上去了。怎么办？政策保护？福利？越保护工厂越不雇人。你现在上城外看看，那几公里的厂区就没几个人。农场不也是吗。大农场一搞几千亩地，全设备耕种，根本要不了几个人。咱们当时怎么搞过欧美的，不就是这么规模化搞的吗。但问题是，地都腾出来了，人都省出来了，这些人干吗去呢。欧洲那边是强行减少每人工作时间，增加就业机会，可是这样没活力你明白吗？最好的办法是彻底减少一些人的生活时间，再给他们找到活儿干。你明白了吧？就是塞到夜里。这样还有一个好处，就是每次通货膨胀几乎传不到底层去，印钞票、花钞票都是能贷款的人消化了，国内生产总值涨了，底下的物价却不涨。人们根本不知道。"

老刀听得似懂非懂，但是老葛的话里有一股凉意，他还是能听出来的。老葛还是嬉笑的腔调，但与其说是嬉笑，倒不如说是不愿意让自己的语气太直白而故意如此。

"这话说着有点冷。"老葛自己也承认，"可就是这么回事。我也不是住在这儿了就说话向着这儿。只是这么多年过来，人就木了，好多事儿没法改变，也只当那么回事了。"

老刀有点明白老葛的意思了，可他不知道该说什么好。

两人都有点醉。他们趁着醉意，聊了不少以前的事，聊小时候吃的东西，学校的打架。老葛最喜欢吃酸辣粉和臭豆腐，在第一空间这么久都吃不到，心里想得痒痒。老葛说起自己的父母，他们还在第三空间，他也不能总回去，每次回去都要打报告申请，实在不太方便。他说第三空间和第一空间之间有官方通道，有不少特殊的人也总是在其中往来。他希望老刀帮他带点东西回去，弥补一下他自己亏欠的心。老刀讲了他孤独的少年时光。

昏黄的灯光中，老刀想起过去。一个人游荡在垃圾场边缘的所有时光。

不知不觉已经是深夜。老葛还要去看一下夜里会场的安置，就又带老刀下楼。楼下还有未结束的舞会末尾，三三两两的男女正从舞厅中走出。老葛

说企业家大半精力旺盛，经常跳舞到凌晨。散场的舞厅器物凌乱，像女人卸了妆。老葛看着小机器人在狼藉中一一收拾，笑称这是第一空间唯一真实的片刻。

老刀看了看时间，还有三个小时转换。他收拾了一下心情，该走了。

>> 五

白发演讲人在晚宴之后回到自己的办公室，处理了一些文件，又和欧洲进行了视频通话。十二点感觉疲劳，摘下眼镜揉了揉鼻梁两侧，准备回家。他经常工作到午夜。

电话突然响了，他按下耳机。是秘书。

大会研究组出了状况。之前印好的大会宣言中有一个数据之前计算结果有误，白天突然有人发现。宣言在会议第二天要向世界宣读，因而会议组请示要不要把宣言重新印刷。白发老人当即批准。这是大事，不能有误。他问是谁负责此事，秘书说，是吴闻主任。

他靠在沙发上小睡。清晨四点，电话又响了。印刷有点慢，预计还要一个小时。

他起身望向窗外。夜深人静，漆黑的夜空能看到静谧的猎户座亮星。

猎户座亮星映在镜面般的湖水中。老刀坐在湖水边上，等待转换来临。

他看着夜色中的园林，猜想这可能是自己最后一次看这片风景。他并不忧伤留恋，这里虽然静美，可是和他没关系，他并不钦羡嫉妒。他只是很想记住这段经历。夜里灯光很少，比第三空间遍布的霓虹灯少很多，建筑散发着沉睡的呼吸，幽静安宁。

清晨五点，秘书打电话说，材料印好了，还没出车间，问是否人为推迟转换的时间。

白发老人斩钉截铁地说，废话，当然推迟。

清晨五点四十分，印刷品抵达会场，但还需要分装在三千个会议夹子中。

老刀看到了依稀的晨光，这个季节六点还没有天亮，但已经能看到蒙蒙曙光。

他做好了一切准备，反复看手机上的时间。有一点奇怪，已经只有一两分钟到六点了，还是没有任何动静。他猜想也许第一空间的转换更平稳顺滑。

清晨六点十分，分装结束。

白发老人松了一口气，下令转换开始。

老刀发现地面终于动了，他站起身，活动了一下有点麻木的手脚，小心翼翼地来到边缘。土地的缝隙开始拉大，缝隙两边同时向上掀起。他沿着其中一边往截面上移动，背身挪移，先用脚试探着，手扶住地面退行。大地开始翻转。

六点二十分，秘书打来紧急电话，说吴闻主任不小心将存着重要文件的数据密钥遗忘在会场，担心会被机器人清理，需要立即取回。

白发老人有点恼怒，但也只好令转换停止，恢复原状。

老刀在截面上正慢慢挪移，忽然感觉土地的移动停止了，接着开始调转方向，已错开的土地开始合拢。他吓了一跳，连忙向回攀爬。他害怕滚落，手脚并用，异常小心。

土地回归的速度比他想象的快，就在他爬到地表的时候，土地合拢了，他的一条小腿被两块土地夹在中间，尽管是泥土，不足以切筋断骨，但力量十足，他试了几次也无法脱出。他心里大叫糟糕，额头因为焦急和疼痛渗出汗水。他不知道是否被人发现了。

老刀趴在地上，静听着周围的声音。他似乎听到匆匆接近的脚步声。他想象着很快就有警察过来，将他抓起来，夹住的小腿会被砍断，带着创口扔到监牢里。他不知道自己是什么时候暴露了身份。他伏在青草覆盖的泥土上，感觉到晨露的冰凉。湿气从领口和袖口透入他的身体，让他觉得清醒，却又忍不住战栗。他默数着时间，期盼这只是技术故障。他设想着自己如果被抓住了该说些什么。也许他该交代自己二十八年工作的勤恳诚实，赚一点同情分。他不知道自己会不会被审判。命运在前方逼人不已。

命运直抵胸膛。回想这四十八小时的全部经历，最让他印象深刻的是最后一晚老葛说过的话。他觉得自己似乎接近了些许真相，因而见到命运的轮廓。可是那轮廓太远，太冷静，太遥不可及。他不知道了解一切有什么意义，如果只是看清楚一些事情，却不能改变，又有什么意义。他连看都还无法看清，命运对他就像偶尔显出形状的云朵，倏忽之间又看不到了。他知道自己仍然只是个数字。在五千一百二十八万这个数字中，他只是最普通的一个。如果偏生是那一百二十八万中的一个，还会被四舍五入，就像从来没存在过，连尘土都不算。他抓住地上的草。

六点三十分，吴闻取回数据密钥。六点四十分，吴闻回到房间。

六点四十五分，白发老人终于疲倦地倒在办公室的小床上。指令已经按下，世界的齿轮开始缓缓运转。书桌和茶几表面伸出透明的塑料盖子，将一切物品罩住并固定。小床散发出催眠气体，四周立起围栏，然后从地面脱离，地面翻转，床像一只篮子始终保持水平。

转换重新启动了。

老刀在三十分钟的绝望之后突然看到生机。大地又动了起来。他在第一时间拼尽力气将小腿抽离出来，在土地掀起足够高度的时候重新回到截面上。他更小心地撤退。血液复苏的小腿开始刺痒疼痛，如百爪挠心，几次让他摔倒，疼得无法忍受，只好用牙齿咬住拳头。他摔倒爬起，又摔倒又爬起，在角度飞速变化的土地截面上维持艰难的平衡。

他不记得自己怎么拖着腿上楼，只记得秦天开门时，他昏了过去。

在第二空间，老刀睡了十个小时。秦天找同学来帮他处理了腿伤。肌肉和软组织大面积受损，很长一段时间会妨碍走路，但所幸骨头没断。他醒来后将依言的信交给秦天，看秦天幸福而又失落的样子，什么话也没有说。他知道，秦天会沉浸距离的期冀中很长时间。

再回到第三空间，他感觉像是已经走了一个月。城市仍然在缓慢苏醒，城市居民只过了平常的一场睡眠，和前一天连续。不会有人发现老刀的离开。

他在步行街营业的第一时间坐到塑料桌旁，要了一盘炒面，生平第一次加了一份肉丝。只是一次而已，他想，可以犒劳一下自己。然后他去了老葛家，将老葛给父母的两盒药带给他们。两位老人都已经不大能走动了，一个木讷的小姑娘住在家里看护他们。

他拖着伤腿缓缓踱回自己租的房子。楼道里喧扰嘈杂，充满刚睡醒时洗漱冲厕所和吵闹的声音，蓬乱的头发和乱敞的睡衣在门里门外穿梭。他等了很久电梯，刚上楼就听见争吵。他仔细一看，是隔壁的女孩阑阑和阿贝在和收租的老太太争吵。整栋楼是公租房，但是社区有统一收租的代理人，每栋楼又有分包，甚至每层都有单独的收租人。老太太也是老住户了，儿子不知道跑到哪里去了，她长得瘦又干，一个人住着，房门总是关闭，不和人来往。

北京折叠

阑阑和阿贝在这一层算是新人，两个卖衣服的女孩子。阿贝的声音很高，阑阑拉着她，阿贝倒骂了阑阑几句，阑阑因而哭了。

"咱们都是按合同来的哦。"老太太用手戳着墙壁上屏幕里滚动的条文，"我这个人从不撒谎的。你们知不知道什么是合同咧？秋冬加收百分之十取暖费，合同里写得清清楚楚的。"

"凭什么啊？凭什么？"阿贝扬着下巴，一边狠狠地梳着头发，"你以为你那点小猫儿腻我们不知道？我们上班时你把空调全关了，最后你这儿按电费交钱，我们这儿给你白交供暖费。你蒙谁啊你！每天下班回来这屋里冷得跟冰窖一样。你以为我们新来的好欺负吗？"

阿贝的声音尖而脆，划得空气道道裂痕。老刀看着阿贝的脸，年轻、饱满而意气的脸，很漂亮。她和阑阑帮他很多，他不在家的时候，她们经常帮他照看糖糖，也会给他熬点粥。他忽然想让阿贝不要吵了，忘了这些细节，只是不要吵了。他想告诉她女孩子应该安安静静坐着，让裙子盖住膝盖，微微一笑露出好看的牙齿，轻声说话，那样才有人爱。可是他知道她们需要的不是这些。

他从衣服的内衬掏出一张一万块的钞票，虚弱地递给老太太。老太太目瞪口呆，阿贝、阑阑看得傻了。他不想解释，摆摆手回到自己的房间。

摇篮里，糖糖刚刚睡醒，正迷糊着揉眼睛。他看着糖糖的脸，疲倦了一天的心软下来。他想起最初在垃圾站门口抱起糖糖时，她那张脏兮兮的哭累了的小脸。他从没后悔将她抱回来。她笑了，吧唧了一下小嘴。他觉得自己还是幸运的。尽管伤了腿，但毕竟没被抓住，还带了钱回来。他不知道糖糖什么时候才能学会唱歌跳舞，成为一个淑女。

他看看时间，该去上班了。🅒

时空惩戒

作者 / 影三人

>> 一、异常

春季，山上还有些冷，春风带着丝丝凉意吹着，萧晓站在半山腰的古亭里看着远处的何为。他正站在一旁的草丛里，脸上木然没有表情，鲜嫩的草上结满了雨露，露水早已将他的裤脚打湿，他像毫无感觉。

他到底怎么了？从早上开始就好奇怪。萧晓隐隐有种不祥的预感，今天或许会有事发生。

萧晓和何为是男女朋友关系，他们经朋友介绍认识。时隔不久，萧晓还记得第一次见面的日子。

2015年4月6日，他们相约去了一家咖啡馆。何为先到的，穿着一尘不染的白衬衫，戴着黑边眼镜，人不帅但好在斯文儒雅。她也很快赶到，穿一件黑色包臀连衣裙将身姿包裹得凹凸有致，配上那披肩长发，魅力十足。何为一见到她就出了神，慌乱地站起来相迎。当时她就有些失望，身高还不够一米七，比她还矮。

之后何为对她展开了疯狂的追求，最终她答应了，理由很简单，何为在国企工作，父亲是大学物理系教授，家底殷实，能给她想要的物质生活。她不会忘记当时何为激动的样子，整个人愣了几秒，接着右手微伸，双脚一蹬，跳了一个小跳，就像马戏团的猴子。

好在何为并没有令她失望，在物质上不管她怎样狮子大开口，他总能满足她，而且对她也是没说的，嘘寒问暖，体贴入微，逛街累了背她，给她洗脚捶背什么都做。何为成了她的钱包和用人。

那段日子萧晓不得不说，很爽。

但毫无征兆，一切突然就变了。

今天一早，她穿好衣服睡眼惺忪地从卧室走出，结果并没有看到何为，客厅、厨房、卫生间都没有。于是她去了另一间卧室，一推门，竟然锁着，她开始疯狂地砸门："何为，睡死了？还不起来给我做早饭？！"

她砸了许久，何为终于有气无力地应了一声。接着她去洗漱，等她出来时何为与她擦身而过，并没有打招呼。

她去了客厅看电视，厨房里终于开始发出声响，过了一会儿何为将早饭端了出来。

都是平常常吃的，她很随意地尝了一口，接着眯起了眼，竟然这么好吃！简直不像他做的。她抬头看何为，何为却没有和她对视，眼中空灵无物，好似修炼了几百年的妖精。

僵持了几分钟何为开口了："公园晚会儿再去吧，现在堵，对了，带上把伞。"

她一下子愣住了，这是他第一次提出相左的意见。

之后何为就和她一起来到了这里，龙山公园。这个地方是她选的，他们都是第一次来，当时一拍即合。但是今天从进公园一直到山上的这个古亭，何为一直走马观花，心不在焉，就像应付领导的例行检查。他既不看景也不看她，甚至她第一次主动卖弄姿色，他的目光也没有多停留。

"何为！"萧晓从回忆中出来，她站在古亭里喊着，何为离她只有几步远但像没听见，根本没反应，萧晓急了声音大了起来，"喂，何为！"

何为终于回过头，看向她淡然道："怎么了？"

"给我拍照。"

"哦。"

何为拿起挂在脖子上的相机，朝她漫不经心地走来。

"喂，喂！"这次萧晓终于被何为的冷漠和无视彻底激怒了，她像过电一般跳出亭子，指着何为怒发冲冠："怎么？你魂丢了？出来玩别给我绷着一张脸。"

何为嘴角微微牵动，勉强一笑："好。"

"好个屁！"

萧晓没心情再继续玩，心急火燎地下了山，何为默默地跟着。

他们很快出了景区，景区外是一段繁华的街道，离停车点还有一段距离。

前方一个岔路口何为突然停住了，他一把拉过萧晓将她拽到了路边，萧晓莫名其妙正想要质问，转弯处开进来了一辆洒水车，路边行人都措手不及，湿了裤脚，只有站在路边的两人幸免于难。

又走了一会儿，快到停车处了，萧晓依旧郁气难舒。看着周围熙熙攘攘的人群她突生一计，她停住脚步转过身，面朝何为伸开胳膊娇声道："我累了，背我嘛。"

这一招屡试不爽，这次她要在人群中发难，教训一下他。

令萧晓没想到的事再次发生了，何为立在那也冲她笑，但一动不动。

"快，背我！"萧晓指着何为，声音大了起来。

何为依旧不动。

"浑蛋，你想造反？你还想不想谈了？我说背我！"萧晓癫狂了，掐着腰近乎在喊。

人都被吸引了过来，两人身边围了一圈，萧晓脸上挂不住了，何为还在与她对峙。

"怎么了？快背我呀！"萧晓的气势已经有些弱了。

何为终于动了，他抬起胳膊看了看手表："差不多了。"

"什么？"

萧晓话音刚落，春雷乍响，几滴雨滴从阴云中滴落在她头上。雨越下越大，众人四散躲雨，再无心看热闹。

萧晓和何为也去躲雨，在屋檐下何为说："我说过要带伞。"

"要你管。"萧晓怒声道，她见何为不为所动，指了指前面的一家小超市，"愣什么，快去买伞呀。"

"我不想去。"何为直白地说。

"快！"萧晓一把将何为推了雨里。

没办法，何为伸出手挡着雨，快步朝超市跑去。

那是一家显得很老旧的小超市。

超市老板是一位有些谢顶的中年人，腆着个大肚子，正歪头看电视。盛夏，正是最酷热的时候，电风扇呼哧呼哧地吹着。

他看得正带劲，开门声打断了他，进来了一位学生模样的人。

"要什么？"老板瞥了一眼，接着又转向了电视机。

"买把伞。"少年淡然道。

老板转过头，往里面指了指："最里面，左拐能看见，你自己去拿吧。"

老板的眼睛又被电视吸住，直到少年将伞放在柜台上他才察觉。

那是一把洁白的伞，伞面上印着五个福娃标志，生动可爱。

"八块钱。"老板说。

少年磨蹭半天从口袋里搜刮出了两元钱，这才一拍脑袋，有些懊恼道："忘了，钱不够。"

老板眼睛一斜："不够回家拿去。"

"叔叔，您看……我急需用伞，这……我把这个给您吧。"少年边说着边摘下了手腕上的银色手表，"这块表五六十块呢，八成新，我先押您这，回头给您钱，如何？"

老板拿起手表道："表是不错，但我不需要呀，如果你不回来了还是我吃亏。"

"好吧，这个也押给你。"说着少年从口袋中掏出了一个小本。老板拿过看了看，是学生证，何为，市里二中的学生，他对了对照片这下放心了。

少年拿起伞，临走前瞥了电视一眼，上面正直播着2008年北京奥运会，此时是艺术体操团体决赛，中国的姑娘们随着配乐跳起圈操，身姿优美迷人。

"怎么？一起看看？"老板好心道。

"不了。"少年扭头向外走，临出门他说，"这比赛，俄罗斯队金牌，中国银牌。"

老板还没反应过来少年出了门。

莫名其妙，他撇了撇嘴。

>> 二、复仇与自杀

大清早，晨光熹微洒进屋里。何为衣着整齐正坐在床边，床上伊人盖着薄被，他抚着她的长发，微风吹在他们身上，一切静好，至少半小时前是。

何为长叹一声，将手里的手机扔下，出去，带上门。坐在客厅里，他目无神采，整个人像是木刻的。

今天是2015年9月19日，转眼他跟萧晓确定关系已经四个多月了。

他始终记得他们第一次见面的那天，在一家很有情调的咖啡馆，萧晓穿一件黑色包臀连衣裙，面容娇美，长发飘飘。他一眼就迷上了她。

何为知道自己不是个聪明人，但他绞尽脑汁，用自己的真心去追求萧晓。

功夫不负有心人，应该是被感动了，萧晓终于答应了。那刻，她美得像个天使，何为感觉她就是他的一切。

之后他将萧晓捧在了心尖上，满足她的一切要求，给她买东西，照顾她的生活起居。虽然只是他在付出，但感觉日子像蜜一样甜。

生活被爱意填满，但何为还是隐约感觉萧晓有些不对劲，对他心不在焉的，就像在应付，演戏。他一直安慰自己，将仅存的理智掩盖下去。

但就在今天，就在他拿起萧晓手机的那一刻，他知道骗不了自己了。

手机上有一条短信，陌生号码。

今晚九点，润和宾馆301号房见，枭。最后面是三颗心形图案。

那不是心，在何为眼里那是三把沾满鲜血的尖刀，一刀刀将他的头颅一遍遍砍下，枭首示众。

短信是大清早发的，他们就这样大胆地通信，丝毫没有掩饰。因为之前他从不看萧晓的手机，虽然手机是他买的，但只有萧晓看他手机的份。

不看不知道，一看吓一跳。

萧晓会去见那位代号为枭的男人吗？何为拭目以待。

一小时后，萧晓终于睡完懒觉，穿着睡衣出了卧室，她见何为在客厅呆坐着喊："喂，干什么呢，还不去给我做饭。"

何为连忙站起身，赔着笑脸："好，好。马上去。"

他不动声色，表现得和平时一样。

何为小心伺候着一直到了下午三四点，萧晓说话了。

"喂，我要去逛街了。"

听了这话何为赶紧穿衣服，平时逛街都是他跟着，付钱，提东西。

"不了。"萧晓拉住了他，"这次我跟闺密一起去，你不用跟着了。"

这话一下子拨动了何为脑中的那根弦，他脑子如转盘，飞速地不受控制地转着。

"好，你路上小心，别玩太久。"

萧晓没有回话，跑去浓妆艳抹一番，半小时后，她踩着高跟鞋，噔噔地下了楼。

何为坐在沙发上，看着门口，像座雕像。

天渐渐黑了，他还坐在那，没有挪动。到了晚上七点多，萧晓的电话来了。

"何为，我在闺密家喝酒，不知道什么时候回去，你不用等我，自己睡吧。"

理由和他想象的差不多，何为只是"哦"了一声，接着挂断了电话。

时间一点点流逝，到了晚上九点钟，何为像被遥控器操纵的机器人，从沙发上立了起来。他站着活动了下手脚，坐太久，身体都麻了。

活动完，他从桌上随手拿起把削水果的尖刀别在腰间，时候差不多了。

何为出去时天下起了雨，出租车雨刷来回摇摆，坐在车上他产生了一种错觉，感觉自己就像一位策马奔腾的侠客。

大约十点钟，出租车停下，在拐角处有一座三层小楼，上面写着四个字：润和宾馆。

这里是城郊，小楼有些老旧，显得档次极低。何为万万没想到，萧晓会来这么个破地方和人幽会。他为她买了三室两厅的高档住宅，但他却始终不能进她的房间。

何为越想越生气，一口气冲上了三楼。

301号房间房门紧闭，他不可能破门而入，便悄悄藏在角落等待时机。

约半个钟头，门终于开了，萧晓穿着黑色连衣裙走了出来，正是两人初次见面时的那件，他不由得攥紧了拳头。

萧晓走远了，何为快速凑到了门前，他试探性地轻轻一推门，竟然没锁。门开了一道缝，目光所及之处没有人，他听到了稀稀拉拉的水声，有人在洗澡。

一定是那位枭了，真是个装X的名字。

何为冷笑着蹑手蹑脚地进了屋，偷偷藏在了那张宽大的双人床下。

过了一段时间，门开了，噔噔的高跟鞋声一直传到床边，不用说，萧晓回来了。紧接着，水声停了，"咯吱"一声，卫生间门开了。

"晓，你可回来了。"一个爽朗的男声响起。

"怎么，瞧你急的。"萧晓娇嗔一声。

何为的指尖划着地面，指甲森白。

接着房间黑了，何为在床下隐约感觉到人倒在了床上，接着是亲吻声，翻滚声，床"吱吱"地叫着，同时萧晓放荡的喘息声和呻吟声响起。

何为的理智被一点点摧毁，他摸出刀子，从床下钻了出来。

灯开了，屋子霎时间亮了。

电光火石之间，尖刀出现在了枭的胸膛上，血一股股冒出。

枭茫然地看着何为，愣着，还没来得及说什么，一扭头倒了下去。一个英俊健壮的身体就这样渐渐死去。

此时萧晓迟来的尖叫响起，血染红了她雪白的胴体，她连忙拉过被子盖住。

何为邪笑着："你就这么讨厌我？宁愿和小白脸睡四十块钱的宾馆？"

"你……你浑蛋。"萧晓指着何为叫嚣着，"你敢动他？臭佬儒你完了，你杀人了。"

听到"臭佬儒"这个词，何为嘴角抽动，他不知她哪来的这种不知天高地厚的勇气，不再多想，一刀子送了上去。

刀直入心脏，血将一切染红，包括了何为的眼睛。

都杀完，何为的热血退去，清醒了。

是，他真的杀人了。

何为家教好，从小没犯过什么错，这次他脑子一片空白被抽空了。

连杀两人他自知恐怕难逃一死，比起死他更担心该怎样面对他的家人，尤其是他父亲。

如行尸走肉般出了宾馆，何为向周围看了一圈，发现远处有一座水塔，他几分钟就走到了。水塔约有二十多米高，这个高度差不多了。

何为拖着麻木的身体，顺着竖梯一点点朝水塔顶爬。此时已经很明显了，他打算从这里跳下去一了百了。

竖梯锈的厉害，上面有露水，何为脚下没站稳，身子一歪，自救的本能使他牢牢抓住梯子，挂在了半空中。

为什么要抓住呢？何为自嘲地笑了笑。

他松开双手，仰面朝天，微笑着落下。马上就要解脱了。

触地之前，地面上诡异地冒出了一道光，洁白而耀眼，何为冲着那道光撞去，鲜血溅起……

>> 三、时空盒子

何为的眼皮一点点颤动着，颤颤巍巍地睁开了眼。

怎么回事？虽然感官模糊，但他清楚地明白自己还活着。

不知过了多久，他终于取得了身体的支配权，慢慢站起身。眼前一片漆黑，什么都看不到，他将全身上下摸了个遍，身上竟然没有一点伤。

他慢步走，感觉和在陆地上没什么两样，接着他快步跑起来，没有方向感，瞎跑，直到气喘吁吁地停下。

他像被关在了一间巨大的黑屋子里，只是这个屋子无限大，他永远触碰不到边界。他绝望地坐在了地上，这到底是什么地方，为什么莫名其妙到了这儿？

没有人能回答他，既然一片黑暗，他索性闭上了眼。

又不知过了多久，一道强光将他唤起，他睁开眼，光刺得他眼睛生疼。

等他慢慢适应光亮，他看到面前出现了一个巨大的发光体，那东西是立体的，但他形容不出形状，好像它的形状在不断变化着，暂且称其为怪异的盒子。

那东西一出现，何为就被莫名地吸引了，他好像被牵引的提线木偶慢慢走去，被吸进了盒子里。

盒子里也是漆黑一片，直到突然亮起了一个点，那个点迅速膨胀变为了一个巨大的发光球体，球体上显示着一些立体影像。

何为呆住了，那是一种从未有过的视感。他想了半天才想到了一个蹩脚的比喻，整个球体好像是无数个三维立体影像揉起来的。球体在他眼中无任何视线盲点，他不仅能720度看到整个球体全景，更能由表及里看到球体的每个层次。

最让何为惊讶的还不是这些，而是影像的内容。影像显示的是他的过去，一段影像代表着一天，从出生到现在，一共九千一百七十五段影像，全部同时出现在他眼中，进入他脑海里。那一刻，何为甚至感觉自己的脑袋要爆掉。

渐渐地何为的精神集中到了其中一段影像上，他伸出手朝影像摸去，突然就在他触碰到的一刻，他看到自己的身体起了变化，就像马赛克一样一块块碎裂模糊……

要死了吗？何为闭上了眼。

…………

"何为，何为！"

似曾相识的叫喊声将何为叫醒，他睁开眼，随即愣住，狠狠掐了自己一把。

他正坐在一间教室里，周围坐满了十五六岁的学生，他低头看了看自己，身材明显变小了，穿着一件校服。

"你还愣，愣什么愣！"一个粉笔头砸了过来。

何为抬头一看，他初中数学老师正站在讲台上向他叫嚣着。

"何为，我知道你成绩好，但这道题你也没做对，全班同学没一个做对的，你凭什么不好好听，在那里睡大觉？"

老师还在教训着，又一个粉笔头砸在了他头上。何为无动于衷，在众目睽睽下，他起身径直朝老师走去，拍了拍老师的肩膀。

难道是真的？刚刚感觉到疼，现在又有真实的触感。

老师完全没想到，呆在了那，回过神来怒斥何为："你搞什么？坐回去！对老师一点都不尊重。"

何为没理老师，瞥了一眼黑板说："其实，这题我会解。"

"会解？"老师笑了笑，"那你解给我看！"

何为随便看了一眼题目，一道复杂的几何题，一般初中生解这题确实有难度。但他不同，作为一名学过高等数学的本科学霸，解这题易如反掌。

三下五除二，何为几行算式将题目解了出来，他中间跳跃了许多步骤，老师甚至想了一会儿才明白，"哦"了一声。所有的同学都目瞪口呆。

很快下课了，何为刚要出门却被一个女孩拉住了。

女孩梳着长辫子，长相甜美，虽然看着面熟，但时隔十年何为一时想不起她的名字。女孩大胆地抓住了他的手，拉他到座位坐下请教他题目。何为想拒绝，但女孩楚楚可怜，他有些不忍心了。

一番讲解完他终于可以脱身，现在他迫切地想要看看这个世界。走出教室，冲进操场，十年前模糊的记忆开始渐渐清晰，一切都没变，他真的回到了十年前。

何为的内心被震惊、欣喜、疑惑等各种情绪充斥着，但他来不及多想，几个毛头小孩将他拽到了操场角落。

对方有五个人，都很眼熟，但叫不出名。

五人中间有一人留长发，身材魁梧，高过别人一头，那人向前一步，冲他邪笑着。

何为有些茫然，过去发生过这事吗？他一点都不记得。

"喂，还不叫浩哥？装什么傻？"长发男身边的人推了何为一把。

浩哥？！何为想起来了，这人叫胡浩，他班上的，有名的小痞子，不学无术。

看着眼前的毛头小孩，这声浩哥实在是叫不出口。

"哈哈，你现在牛了，解出道破题就了不得了，离小楠远点，不然你知道。"浩哥亲自训话道。

小楠？何为又想起了，那个向他问题的女孩叫姜小楠，是他们班的班花。

"喂，小个儿，说话！"胡浩用手指捅着何为的胸膛。

何为瞪着胡浩："知道什么？我就离她近了，怎么了？"

何为的反应令胡浩大惊，他冷笑着拍了拍手："弟兄们，把他抬起来，扔墙外面。"

听了这话，何为慌了，他现在才反应过来自己也是毛头小孩，胡浩一个就可以把他揍趴下。

何为越惊慌胡浩越得意，何为很轻，他们一伙一下就将他抬了起来。操场的围墙有一米八高，他们就像扔东西一样将他扔了出去。

飞向空中时何为想起件事，初三下学期胡浩退学了，原因是他和人打架将人扔出操场摔断了腿，没想到那个断腿的人变成了他。

何为闭上眼，等待疼痛的到来，但什么都没有。等他睁开眼时他又回到了那个神秘空间，眼前还是那个怪异的不断变化着的盒子。

怎么回事？他彻底蒙了。

>> 四、迷失

从龙山公园回来已是中午，何为在前面开门，萧晓怒气冲冲地进了屋，今天何为的表现实在让她气愤，而且天还下了雨，好端端的一场游玩就这样没了。

通常何为这时一定会来安慰自己，但今天就是邪了，他面无表情地在鼓捣那把破伞。

想起那伞萧晓的怒气更盛了。

原本她让何为去超市买把伞，结果谁知等了半天他拿回了一把破烂玩意儿，伞把上满是锈，伞面全是皱褶，上面的图案都掉了色，整个像是从废品站捡的。最后萧晓没办法，自己又去买了把新伞，但何为却撑着那破伞还一直带回了家。

"喂，喂！赶紧把那破烂扔了。"萧晓一把夺过何为手里的伞，扔到了楼下。

何为不急不恼，走回客厅，坐在沙发上直直地看她。

萧晓被看得有些发毛，转身去了卧室。

从中午一直到晚上，两人的对话很少。萧晓觉得何为越来越奇怪了，她内心的不安也越来越强烈。

夜渐渐深了，萧晓换上睡衣正准备入睡，就在这时敲门声响起。

何为轻柔的声音传了进来："萧晓，今天是我不对，我犯浑了，你打开门好吗？我给你炖了你最爱喝的乌鸡汤。"

听了这话萧晓心头一松，看来是她想多，何为那么个老实人能出什么幺蛾子？最后还不是屁颠屁颠地来巴结自己？

就这样，萧晓像一个胜利者高傲地开了门，何为第一次在深夜进入她的房间。

可惜萧晓的高傲没维持多久，何为将鸡汤放下，不再说一句话。他直瞪着她，双眼渐渐通红，龇牙咧嘴邪笑了起来。瞬间萧晓产生了一种在漆黑小巷遇到流氓的感觉。

她怕了，下一刻发生的事更是令她浑身发抖，一向老实巴交的何为竟突然冲向她，猛地将她按在了床上。

萧晓拼命挣扎，咒骂着，何为冷漠地按着她，嘴在她脸上乱亲。

"哈哈……哈哈，怎么样？我是不是比那个枭更好？"何为的声音扭曲了起来，他开始扯萧晓的睡衣。

这下萧晓真的急了，她顾不得什么摸过床头的剪刀猛地插进了何为的腹部。

"滚开，死玩意儿，臭侏儒！"

萧晓一把将何为推开，眼睛里除了恶心什么都没有。

何为愣了，呆呆地看着萧晓，拔出剪刀。他竟然流泪了。

"没想到，你这么厌恶我，还……还想杀我，呵呵。"

何为身上的血性瞬间消失，整个人像老了十岁，他握着剪刀，跌跌撞撞一步步走向萧晓。

萧晓木讷在那，像丢了魂，要完了吗？

想象中的报复并没有来，何为举起剪刀一把插进了自己的喉咙，鲜血一股股喷在萧晓身上。

过了一会何为不动了，萧晓试了试鼻息，没气了。

何为自杀过无数次，这是他第二次真的想死。

但他死不了。

自杀后何为又回到了那个神秘的黑暗空间，粗略估计刚刚是他在"过去世界"里的第一千八百五十多天。

自从第一次通过盒子穿越到初中时代开始，近两千天的时间他一直停留在和萧晓交往的过去，试图通过这种方式重温旧梦。

这么久他对盒子也有了自己的理解，他从他爸经常念叨的物理概念里找到了解释，他认为那盒子是一个多维时空。不知为何他在濒死之际到了这。通过盒子他能到地球体里的任意一个时空，但那些时空无一例外都是关于他过去的，所以他只能到达和他有关的过去世界，至于这点为何就难解了。

通过这些就能解释他"昨天"去超市买伞却突然到了2008年，因为那个超市他只在2008年的那天进去过，也就是说他只能重复过去的时间空间，他无法到达过去未到达的地方。因此他第一次穿越被扔出围墙时又回到了黑暗空间里，那是因为他从未去过围墙那边，他无法到达那。

这接近两千天的时间他将与萧晓交往的日子重复了近十遍，有些值得回味的场景更是过了几十遍，终于他几乎将每个情节都倒背如流，他渐渐丧失了新鲜感，只是麻木地和她在一起，寻找那丝可怜的安慰。

可是就连这点安慰的效果也慢慢消失，他开始懊恼，他对她如此痴情，为何她总是对他敷衍了事。交往那么久，他们只可怜兮兮地牵过几次手。这种情绪一直在心中积压，于是终于有了他闯进萧晓卧室，将她按倒在床的那一幕。当时萧晓捅的那一剪刀令他如梦初醒，既然她如此厌恶自己，那样做又有什么意义？理智终于战胜邪念，他放手了。

再次回到黑暗空间何为想通了，他将不再守着那个女人，现在的他拥有无限的寿命，更知晓"未来"，他完全可以利用这些做更多的事。

想通了这些何为的生活变得丰富多彩起来，他乐此不疲地回到过去，寻找一个个美好时刻。他又体验到了自己上学时得到的第一个一百分，体验了自己的第一次户外郊游，第一次爬山，第一次滑雪，第一次暗恋一个女孩，第一次参加高考，第一次进入大学的校门。他更回到婴儿时代，触摸着自己如莲藕般细嫩的手臂，通过婴儿的眼睛看世界。这些都是他过去怎么都不敢想的。渐渐地何为开始迷恋这种状态。

但任何事都难经受无尽的时间的考验，将过去度过了无数遍，何为终于对那些所谓的美好时刻开始麻木，厌倦。为了拥有活下去的动力，他开始寻求改变。

这点从第一次穿越何为就知道了，他虽然无法摆脱过去的时空，但他不受因果的束缚，他可以改变过去发生的事，改变自己，改变他人。

利用这点以及自己"先知"的能力，何为渐渐在过去世界里拥有了他之前不敢想象的财富、地位，虽然这些都难以维持多久（他总是无法避免去到从未去过的地方回到黑暗空间里）但还是令他无比欣喜。

一开始他觉得就这样过去也不错，直到一件事发生。

>> 五、僧话

那是他在过去世界里的第两万三千三百多天，时间是 2015 年 8 月 27 日，因为离 9 月 19 日自杀很近，他对那段时间的事记得很清，而且又经过了无数次的摸索，他能保证自己去的地方都不脱离出去，所以他一直保持在这条时间轴上，已经过去了两个多星期。

这是他在过去世界里保持时间正常运转最长的一次，虽然仅仅两个多星期，但他就通过福彩，赌马等方式得了近三亿人民币。不过这三个亿并没有令他多兴奋，见多了钱他对钱也开始麻木了。

这天一早，他开着他那辆价值五百多万的法拉利跑车出了门，他一路慢慢悠悠地开着，吸引了无数目光。约一个小时，他来到了雷音山。

刚停下车，周围人的目光便聚焦了过来，有两个大胆的女孩更是主动上前搭讪。女孩的目光里充满了挑逗，何为坏笑着狠狠看了她一眼，接着径直上了山。

他严格按照过去的时空来行动，走的是原来的路到的也是山脚下相同的地方，当然无法完全精确，但根据经验只要不超出太远，他就能保持在时间轴上。到了那他看到了一条小路，小路直通到半山腰上的一个亭子，根据记忆从这到那个亭子都是他这天去过的，所以他很放心，一边欣赏着风景一边优哉游哉地走着。

走到半路电话响了，他拿过一看是萧晓，挂断了电话。这两个多星期，萧晓给他打过数次电话，但他一次都没接。

想到这他就觉得可笑，原来他搭理她她不搭理他，现在他不搭理她她反而沉不住气了。

何为继续上山，前面是一片茂密的树林，树枝不自然地动了下，何为以为是风并不在意。

可没几秒，意外发生了，树林里突然窜出来一个戴鸭舌帽，黑墨镜的中年男人，男人几步冲上前，一个东西抵在了他腰间。他低头一看，竟是手枪。

何为快速向周围扫了一眼，远处只有零星几个游人，并没有人注意到他们。

"哥们儿，别冲动，有话您吩咐。"何为连忙和声和气地说。

"呵呵，你小子倒是识相。"男人冷声道，"实话和你说，我盯你很久了，知道你开跑车，想保命就得破点财了。"

"好好，你要多少。"何为连连答应。

在这里他死不了，他怕的是再次回到黑暗空间，这么久的努力白费。

"你那辆车不错，给我吧，还有另外再给我两百万。"

"可以。"何为略微一想，率先交出了车钥匙，接着他又从身上取出一张银行卡递给男人，"这卡里有三百多万都给你了，密码是 156239。"

男人两样都拿到手却不放何为："不行，谁知道这钥匙能不能打开车，密码也有可能是假的，保险起见你得跟我走一趟。"

何为最怕的就是走一趟，那和被杀没什么两样，一旦去到未去过的地方，他就会回到原点。

横竖是死何为决定赌一把，他趁男人没注意，顺着路快速往山上跑。

男人见状在后面追，疯狂地喊着："快，快停下，不然开枪了。"

何为当然不能停，于是他感觉子弹嗖嗖地从耳边飞过，终于有一发打在了他腹部，他捂着肚子继续跑。

看来这次是要到头了，何为感觉他撑不了多久了，他穿过亭子绕进了树林里，就在这时他听到了警笛声，这也是他的最后一个感知……

"孩子，想什么呢？"

听到声音何为回过神来，他抬头一看竟然是妈妈。

这时他明白他又去到了另一段过去。

"是不是担心高考？"何母拍了拍何为的肩膀，"放心吧，你没问题的，而且这雷音寺很灵的，我们来祈福，你一定金榜题名。"

看着妈妈那充满希冀的眼神，何为突然很伤感，他明白他确实会金榜题名考进名校，不过他并没有多争气，在大学里一事无成，毕业后还是托家里关系进的国企。

何母并不知儿子的想法，她快步拉着何为从树林穿出，走上了一条上山的石砌小路。何父是科学家并不信这些，她是瞒着丈夫出来的，必须快去快回。

往上人开始多了起来，越走越拥挤，可见来参拜的人确实不少。

快到山顶在丛林环绕之间，一座面积不大，红墙黄瓦的古寺庙出现在眼前。

随着众人拥入大殿，何为看到了三尊高大的金身佛像，他并不知那是什么佛，只是随着他妈一起拜着。

何母低头小声祈求着，很是专心。

就在这时何为注意到一位穿袈裟，戴佛珠的老僧人走上了前，那僧人直直地盯着他，不知为何何为有些慌乱，转头避开。

何母看到僧人连忙起身，恭敬道："大师您好。"

老僧淡淡地笑着，满脸慈悲，看着两人："不知两位施主为何事祈福？"

何母微微躬身："小儿过几日要高考了，所以来求佛祖保佑金榜高中。"

"阿弥陀佛。"老僧合掌道，"施主所求不难，只是这事，问佛祖不如问自己。"

老僧的话意大概是求佛不如求己，自己满怀信念自能考上，不过这话听到何为耳中却别有含义，因为他确实对结果了然于胸。

"不难好，不难好呀。"何母只注意到了"不难"二字，欣然自语。

"施主爱子心切，可以理解，不过所求却不是该求之事呀。"

"嗯？"何母有些没反应过来。

"小施主。"老僧突然看向何为，双目空灵，"过去的岂能是未来？你可否认真想过你的未来？"

这话似长箭穿身而过，何为如木偶般被定住，

他反应过来想追问老僧，但老僧却被一个小和尚请走了。

他这时才知道，老僧正是这座寺庙的住持。

走出寺庙，何母一路兴高采烈，她说这住持是远近闻名的高僧，得他垂青这次一定能考个好成绩。何母的话何为一句都没听进去，他一直呆愣着，满腹心事。

"妈，我想自己走走，散散心。"何为突然出声道。

"这……"

"没事，您放心吧，一会儿我打车回去。"

"好吧，不过你一定要注意身体，别摔着，别扭着脚……"

何母嘱咐了老半天终于下了山，而何为相反继续往山上走。

老僧一语点醒梦中人，过去的岂能是未来？他的未来到底在哪？

在一绝壁之上，何为纵身跳下。

有时候，死亡也是一种奢望。

>> 六、重走现实

转眼又过去了两万五千两百多天，在这几乎相当于一个人一生的时光里，何为体验到了无数遍的至高荣耀和财富。他曾经在过去世界里保持一条时间轴接近一年，那一年他创造了无数的神话。世界首富、世界第一投资人、股神、赌神……这些都是属于他的称号。

得到那些没多久，他坐在家中自杀了。自那之后，他窝在黑暗空间里，再也没有走进时空盒子。

当初老僧说的一番话，如同在他心中种入了一粒种子，现在种子渐渐生根发芽，他觉醒了也变成了一具行尸走肉。

在黑暗空间转眼已经过去了五千多天，这段时间他不住地在想一个问题。

他的未来在哪？他没有生老病死，看不到自己满脸皱褶，满头白发的样子，他无法用自己苍白的双手触摸那快要停跳的心脏。

他有无限的时间，只在看似无限可能，充满希冀的过去里无限循环，他不人不鬼，没有未来。

现在何为才明白，他到这里不是幸运而是莫大的不幸。四万多天，他早已将过去世界摸索了个透彻，不管怎样，他总是无法顺利到达 2015 年 9 月 20 日。一旦度过 9 月 19 日这天，他总是自动回到

黑暗空间。

何为开始觉得这是上天对他的惩罚，他罪孽深重自杀难以赎罪，于是他在这无限循环中受尽折磨。

想到这点何为基本绝望了，直到有一天他灵光乍现。

他想到一点，他每次回到过去世界都不同程度上改变了过去，或许这才是他无法到达9月20日的原因，或许他应该将过去完全重演一遍，这样就能突破循环。

当然何为知道这样的两个结果，一个是摔死，另一个自然是被抓住然后枪决。不过只要能出去，何为不会有丝毫犹豫，死对他已是莫大的幸运。

最简单的方案显而易见，他要回到2015年9月19日，将那天重演一遍。他不是第一次回那天，只不过他之前都没有勇气面对，他不想看那条短信，不敢再进那个宾馆。

虽然已经过去了一个多世纪，虽然他刻意回避她，但她一直淡淡地存于他脑海里，始终无法完全抹去。

2015年9月19日。

何为在床上睁开了眼，这次他完全按照"剧情"行动，用准备好的工具偷偷弄开了萧晓卧室的门。走进卧室他有点紧张，深吸一口气拿起了萧晓的手机，终于再次翻到了那条短信，没多看，他赶紧将手机放下。

之后他回到客厅，一切都有条不紊地进行，他不敢做出任何多余的举动。事情很顺利地发展，下午萧晓自己出了门，晚上七点多她打来了电话，说了一模一样的话。不过也有一点不同，这次何为再也坐不住，他在房间里来回踱步，等着下决心。

终于到了晚上九点钟，何为呆愣地看着桌上的水果刀，他几次伸手又收回，最后终于拿起。不能再拖延了，他打了出租车来到了润和宾馆，踌躇一阵终于进了宾馆门。事情都按预计发展，萧晓从房间走出后他偷偷进去藏在了床底下。

之后萧晓回来，枭从浴室走出，接着是他们的说话声，在床上的翻滚声、喘息、呻吟声。何为紧咬牙关，捂着耳朵，慌乱中他碰了床板一下，"嘭"的一声。

"谁？是谁？"枭在床上喊。

不能犹豫了，下定决心后何为从床下迅速钻出。

灯开了，屋子霎时间亮了。

只不过尖刀没有送进枭的胸膛，关键时刻何为犹豫了。

萧晓立马审了上来，可怜巴巴地望着他，眼泪一颗颗滚下："对不起，是我对不起你，求求你不要杀我们。"

为什么？剧情不是这样！何为内心嘶吼了起来。

快骂我，骂我臭侏儒！何为等待萧晓说出口，可萧晓什么都没说，依旧泪眼婆娑。

何为闭上眼，打算不管三七二十一直接刺下去，但就在这时他脑中浮现出了一个场景。那是他刚上初中时，他爸对他说了一句话。

"孩子，你知道我为何给你取名何为吗？"

小何为茫然地摇了摇头。

"我希望你始终记着，何事该为何事不该为，人可以做错事但不能明知错了还去做。"

上次他因为冲动连杀两人，这一次为了自己解脱要再杀他们一遍？

何为放下了刀子。他已经错了，不能一错再错，转身不再看那两人，他走出了宾馆。

何为想通了，或许他就应该这样在永远的痛苦循环当中赎罪。

他再次来到了水塔旁，这次爬到了最顶端，他面朝地面一跃而下，撞地的那一刻他突然感到莫名的轻松。

那道光又出现了。

>> 七、苏醒

一片混沌之中何为渐渐有了知觉，他先听到了一阵钟鸣，接着是敲木鱼的声响，他颤抖着动了动手指，接着慢慢睁开了眼。

在他睁眼的那一刻他听到了一声无比震惊、狂喜的呼喊："何为？！何为醒了……醒了！"

下一秒一个女人扑进了他怀里，泪流满面再也说不出话来。

"苏梅，快起来，别压坏了孩子。"中年男人连忙拉起女人，热泪盈眶看着何为，"儿子，我们一直在盼这一天，你终于醒了！"

何为彻底愣住了，他四处扫了一圈发现自己在一个庙里，他看这庙很眼熟，这不正是雷音寺吗？

难道自己从无限循环的过去出来了？

何为百思不解，这时一位手敲木鱼的老僧走到了他面前："施主终于醒了，你父母天天带你来此祈福也算功德圆满。"

"爸，妈，到底是怎么回事？我怎么了？"何为忙转向二老着急地问。

"孩子，你……你都忘了？"何母带着哭腔拉着何为的手，"你从那……那水塔上跳了下来，你说……你为何那么想不开？"说着又开始擦眼泪。

何为明白了，看来自己真的出来了而且他自杀并没有死。

既然如此，犯的错还得承担，他突然一下从轮椅上起来在父母的惊讶中跪倒在地："爸，妈，儿子不孝犯了大罪，我一时糊涂将萧晓和她的情人杀了。"

"儿子，你说什么呢？"何父一惊连忙将何为抱起，让他坐回轮椅上，"你昏迷的这半年多萧晓也来过多次，她说是他们对不起你，当初你虽然拔刀相向但实际并没有伤害他们，他们无脸面追究，只希望你早日康复。"

这……自己并没有杀他们？难道杀他们是梦，最后的才是现实？绝不可能，哪有四万多天的梦？何为绞尽脑汁想找一个解释。

终于他灵光一闪想到了一个可能，就在那一天9月19日，他很可能偶然地从过去世界里找到了一条延续着的时间轴，他通过那条时间轴到达了未来，于是那一天发生的事成了真实的过去，他有了现在的现实。照这个理论来说，他现在应该是到达了一个平行宇宙，一个他没有杀人的宇宙。

想到这何为欣慰地笑了。

不久，何父何母牵着何为的手出了雷音寺，走了没几步何父突然停了下来。

"苏梅，你先带儿子回去吧，我有东西忘在庙里了。"

何母也没有多想，应了一声，带着儿子往山下走。

眼见母子两人远去，何父转过了身，面前出现了两位穿黑衣，戴墨镜，身材一高一低的魁梧男子。

"你们两个跟着干什么？难道还要抓我儿子？"何父道。

"怎么会？"高个男子开口，墨镜挡着他的眼看不出任何神情，"您儿子已经从时空监狱服刑完毕，这代表他已诚心悔过，机构的最终目标是教化犯人，而不仅仅是惩处。现在他无罪，杀人的事已经不存在了。"

何父冷哼一声："说得轻松，如果一直困在里面，那可是生不如死。"

高个男干笑了一下，道："所以我们还要感谢您的献身精神，您儿子作为第一位进入时空监狱的实验者，无疑意义重大，而且……听说您也是该项目的幕后负责人之一，您应该明白吧。"

这话截到了何父的痛处，他面部肌肉抽搐了一下，冷冷道："我不想你提这件事。"

高个男退后一步，知趣地不说了。

此时已近傍晚，夕阳像烧红的烙铁将山坡照得血红，何父站立着，坚毅如一座石碑。

这个秘密，或许他永远都不会告诉儿子。ⓒ

飞越卡门线

作者／郑军

>> 一、我在地球上？

"全体被试马上撤离！全体被试马上撤离！"

警铃不停作响，堵住耳朵，它能直接搅动五脏六腑，令人头昏欲呕。陈思柔很想把它关掉，可开关并不在壳体内部。

就这样，被警报声驱赶着，陈思柔跑过爬满蚂蚁的生活区、穿过枝叶枯萎的雨林区，踏过焦黄连片的草原区。越过海滩时，她发现湾里的浅水比昨天更红，藻群在那里迅速滋生，和人类争夺残存的氧气。

一只小猫在岸边蹿来跳去，焦燥不安。陈思柔转身跑向小猫。"三号队员，你不能带任何动物出来！"耳机里传来实验主任邱广宁的警告。进入壳体后，她三天两头能看到邱主任，但他们并不在同一个世界里。

小猫安静下来，蹲坐在自己的尾巴上，满怀期待地望着陈思柔。她和它在壳体下同住了八个月，抚摸过它的毛发，抱着它在海滩散步，躺在草地上听任它偎在自己怀里……

知道陈思柔心有不甘，邱广宁劝慰道："你们坚持了245天，比上一期提高了很多呢。"

主任的话没说到点上，陈思柔顾不上解释，咬咬牙，丢下小猫。实验规则明文确定：人工生物圈一旦失衡，只有人要撤出去，其他物种都被封存在里面，以便记录生物圈崩溃对它们造成的影响……这是科学术语，翻译成普通话，那是个残酷的过程。

这里是"太空城一号"，巨大壳体包裹着三十万立方米空间，还有空气、土壤、水和生命。壳体深入地层，无缝连接，内外物质能做到完全隔绝。壳体还有真空夹层，尽量减少从内部泄漏出去的热量。原子能反应堆安装在壳体的角落里，供应着全部电力。除了阳光能从穹顶上几大片玻璃透过来之外，壳体里面就是自给自足的小世界。

不过，这个故事发生在今天，人类还没有能力在宇宙空间打造太空城。这枚银色巨蛋坐落在内蒙古西部额济纳旗东风航天城里，是中国科学院与航天科技集团共建的模拟生物圈实验基地。四千多种动植物，数名实验人员在里面共同生活。

二十多年前，美国人在亚利桑纳州建造过一个生物圈。不过那个项目有商业用途。为尽可能延长观光时间，项目方作了弊，间断地往里面输入氧气和水。眼前这座太空城则是严格的科学研究项目，每期实验开始后，被试都要在这个与世隔绝的小天地里生活，直到环境恶化到无法生存为止。每期实验失败后，生物圈经过整修，重新投入生物品种，又会绿树成荫，微波荡漾。

经过两道隔离门，陈思柔跑到戈壁滩上，回过身，凝望着眼前连绵不断的金属和玻璃组成的幕墙。过去八个月，我真在地球上吗？陈思柔有点恍惚。邱广宁跑过来给她披上衣服，壳体内外温差有二十摄氏度，陈思柔刚刚有些凉意，这让她确定自己还在地球上这个气候严酷的角落中。然后，她被带到医疗站做体检。

陈思柔神情呆滞，被护士们放到单架车上推着走。她参加的是第三期实验，四名实验人员坚持到二氧化碳浓度接近危险标准为止。经过一场注定失败的努力后，陈思柔将八个月时光和七公斤体重留在了里面。

体验室里，陈思柔看着护士们围着自己忙碌，感觉她们是在检查别人。直到她看见一个矿泉水瓶子，才终于来了精神。那个瓶子静静地躺在垃圾篓子底部，里面还有点残水。

陈思柔猛地跳下床，把它捡出来，喝个干干净净。

"我们这有水，检查完就送来。"护士被她的举止惊呆了。

"不不，我不渴，就是觉得不该浪费它。"

在壳体里面，他们已经习惯节省每一滴水。护士笑了笑，不再说什么。每期实验结束后，被试验者的举止都有些怪异，像是从太空中什么地方刚回到地球。

>> 二、玻璃天花板

"请看，这是从 1900 年到现在，美国年度 GDP 增长率曲线。"

正在做项目路演的年轻男子手按动遥控键，投影仪左下角钻出一条红色曲线，缓慢地爬向右上角，忽然拉出一个陡峭的斜坡，疲惫地倒伏下去。

"这是同一时期日本 GDP 增长率曲线。"

一道绿线开始在投影屏幕上爬升，经过几次快乐的跳跃，从 1980 年代初转头向下，最后趴在地面上。

"这是同一时期，中国台湾地区 GDP 增长率曲线。"

一道蓝线出场表演，同样是缓慢的助跑，轻快的飞跃，然后在地板上躺到今年。

"所有这些国家和地区，他们先后进入工业化阶段，也向世界展示出相似的经济发展趋势。今天，他们使尽浑身解数，放水、放水、再放水，然而并无卵用！他们无法再回到当年了。"

会议室里响起一片轻松的笑声。在路演人拇指遥控下，代表中国的金色曲线登场了，一路压过那三条线，雄踞于图表右侧，箭头斜指上角，跃跃欲试。

"今天，在座各位搭乘着一架巨型经济飞机，那就是中国大陆。它还在向上爬升，然而，就像客机终归要平飞和降落那样，这个增长速度我们很快就看不到了。在所有这些曲线上面，有一块玻璃天花板。经济学家看不到，把他们那很少的脑汁挤干净都看不到。那就是人均资源占有量，全人类都被它封在下面，硬撞上去只能头破血流。人类似乎只有两个选择，要么清心寡欲，任凭经济不再增长。可惜，各国元首、央行行长、公司高管不敢做这个选择。曲线不站起来，他们就要下台。要么就是打场世界大战，消灭百分之几十的人口，剩下的人类再次提速发展！"

这人很能讲，抑扬顿挫安排得当，屋子里大部分眼睛和耳朵都被牢牢吸引。"其实，人类还有第三种选择，就是挣脱地心引力的约束，尽享太空中的资源。月球上的氦 3 能供人类使用一百万年！太阳释放的能量地球只接受了 33 亿分之一。天上还

有水有矿。谁最先捅破这块玻璃盖子，谁就将独享那个新大陆。然而，理想很丰满，可昂贵的发射费用让现实变得很骨感。在这笔费用降到每千克 10 美元以下之前，太空经济遥不可及。全球每年向太空发射的有效载荷总计不过一百吨，加起来，一艘内河货船轻松运走！"

"请路演人注意时间，尽快讲出项目重点。"主持人听惯各种煽情，不为所动。

路演人尴尬地点点头，马上调整心态，按下遥控键。一座金字塔形山峰出现在屏幕上，它的一侧呈现出人工修整的痕迹。镜头逐渐推近，山坡上出现一条长长的轨道，斜指天空。当然，这都是电脑动画。

"用电磁炮向太空发射有效负荷，将把发射成本大大降低。它并不是什么高科技，电磁驱动技术早就成熟。它会造成很大的加速度？没关系，我们不发射人或贵重仪器，只发射水、食品、太空建材、折叠好的太阳能电池板，还有预存在地球轨道上的燃料。它们被包装在用烧蚀材料制成的弹壳里，以抵抗与大气摩擦造成的高温。外壳烧穿之前，炮弹就能离开稠密大气。在炮口指向的轨道上，会预先安排一颗吊索卫星。它就像旋转的网兜，截住打上去的东西，再转运到相应轨道。至于人和尖端设备，将来仍用火箭送上太空。"

路演人终于发觉，屋子里除了他的声音外，还有一个人在小声讲话。这里只有一个人可以不看别人脸色随便讲话。在他对面，正中央座位上，那个老年男子正在旁若无人地打手机。这场演说是为他组织的，他不听，别人再怎么爱听也没么用！

路演人的脑子转了半秒钟，又抛出一句话："初步估计，如果把长征三号一次发射的费用换成电费，可以让这门炮打上去五千吨物资！"

路演的真正听众叫王川，周围不是他的技术顾问，就是财务专家和律师。王川今年六十岁，他能支配的钱自己也算不清，详细数字得问他的财务主管，但总数大概在八百亿人民币左右。王川只做高科技项目的风险投资。全国前十名的互联网企业，当年都拿过他的钱。现在，王川把目光转向民间太空商业开发，准备在这里再淘海上几桶金。

路演人话音落下，王川也打完了他的电话。看似漫不经心，但他一开口就完全把握住这个项目的实质。"你是说，它一年可以发射五千吨物资上太空？"

"不，那个数字是用来与一枚长征三号的运载费用做比较。理论上，每门电磁炮一天可以发射十五次，一年能把十万吨物资送上太空！"

"可哪来那么大业务量？"

是的，既然人类现在一年只发射一百吨，凭什么认为电磁炮建成后，就会冒出几万吨需要发射的东西？

"王总，当年比尔·盖茨创办微软时，曾估计全世界有三十万台个人电脑就够用了，结果怎么样？新技术会让新需求像火山一样爆发。以后空间站可以扩大十倍，太空城可以提前建设，还有太空工厂，太空太阳能电站。人们甚至可以把亲人骨灰打上去，并不比埋进坟墓更贵，但更有意义。"

"那么，你说的那座山在哪里？"

"哪里都行，只要是位于低纬度地区。这只是电脑动画，选址甚至不必局限在中国。从北纬10度到南纬10度，世界上有七座山的形状和高度可以满足铺设电磁轨道的要求。我想，能做全人类的太空港，各国政府会抢破头的。"

王川和左右聊了几句，然后向路演人点点头："谢谢你的介绍，很启发我的思路。"

但他没做任何决定。

>> 三、在直视距离内

每次到中国，托尼都会带几瓶加拿大冰酒，他的合作伙伴石立新喜欢这一口。这次带来的霞多丽，更是冰酒中的顶级品牌。不过推杯换盏后，他却告诉石立新，他们的合作即将中止。"你知道，美国马上要用F15作临空发射，所以，我们政府禁止在临空发射这个领域和中国人有任何合作。"

石立新是一名四十多岁的中国商人，六旬开外的托尼是他的领路人，这位白人大哥把他带进民间商业宇航这扇门。可现在，他不能再领路了。"这怎么会……这能有什么关系。F15最多能打上去微型卫星，和咱们那个项目的规模根本不在一个档次。"

天空和太空夹着的那层大气，被称为临近空间，约从地面往上二十公里到一百公里之间。飞机上不去，超过二十公里，机翼产生不了足够的升力。卫星下不来，低于一百公里，就容易被大气烧毁。很多人计划从那里向太空发射火箭，可以省去运载火箭第一级，体积大大缩小，还能免去恶劣天气影响，不用等发射窗口。反正是好处一大堆。轰炸机、重型战斗机都被设想为临空发射的平台。不过，托尼和石立新合作研发的技术比这些宏伟得多。

托尼耸耸肩膀。"这个事情你懂，我懂，五角大楼里有些专家能懂，但议员们不懂，钱袋子捏在他们手上，我最大的客户都得听他们的，所以……只好如此了。"

托尼创办了轨道科学公司，目前是全球最大民营宇航公司，但和其他领域的商业巨头相比还只是一碟小菜，对政局影响有限。石立新一口接一口灌着酒，没品出是什么味儿。

"因为是我违约，所以我会给你违约金……"托尼慷慨地开了口。

"托尼，这种事情你给我一个电话就行了，为什么亲自飞过来？"

"因为这种不好的事，我习惯在能够互相直视对方的距离上讲！"托尼也灌下一杯，然后指指胸口。"我要你相信，我说的不是托辞。这么美好的未来，我真希望咱们一起拥有它。"

"我们会的……"

石立新并不知道怎么兑现自己的安慰。不过事情没这么简单，托尼拿出一份文件，递到他手里。"这是PBO的购买许可证，我给你弄了十吨，这不在禁运名单上，但别处弄不到，你随时可以买。记住，必须有你的亲笔签名，许可证才生效。别的中国人，我暂时还不能相信到这一步。"

石立新大喜过望，拿过文件吻了一下。"这个……肯定不是免费午餐吧？"

"当然不是！我要你保证，将来发射成功后，核心技术要掌握在你手里。公司要在美日欧的交易所上市，然后我再公开买入股份。你我有共同信念，希望那是片和平天空，对吧？"

"对！"

两个人互击拳背，以此为誓。托尼不愿就此留下任何文字。

>> 四、造梦空间

北京海淀区，有幢名扬四方的微企孵化楼——"造梦空间大厦"。这几天，美国宇航局主办的太空城市设计大赛中国区比赛正在这里举行。全国各地学校派出代表，组成团队，按照组委会的要求设计太空城。孩子们要构思它的结构，设想出各部位的功能，寻找所使用的材料，描述它的建造过程，甚至要计算出建造费用。

所以，每次活动主办方都要请一些专家做顾问，给孩子们讲解有关知识。这次，主办方请到了一位在"太空城"里生活过的人。当然，那个城建在地面上。

"第一期实验，我们往生物圈里引进了牛。后来发现，它是制造大气污染的罪魁之一，七头牛造成的碳排放相当于一辆汽车，那个小环境经受不起，后面两期就只引进奶羊。"

陈思柔给孩子们介绍她在太空城里的趣闻。完成实验后，她就迷上了科普讲座。只要有邀请，就会把手边的事推掉出去讲讲，她要把那八个月的感受传达给更多的人。

"其实，大部分时间里生物圈都很平衡，风调雨顺的，动物们有死有生。偶尔空气、海水成分局部恶化，经过我们调整就能恢复。每次崩溃总是来得非常突然，有那么一天大家发现，自我调整已经不能恢复环境平衡，然后，各种数值就调头向下。十天，甚至一周，人就无法在里面坚持住。接下来，大部分动物也要完蛋。如果换成地球，这段崩溃的时间可能只有几十年。人类能在一两代人时间里给大自然拨乱反正？肯定不能！"

重要的事情不一定非说三遍，只需要把声音提高："如果整个地球真到那一天，可没法从外面输入氧气和水。所以，即使你们出不去，你们的孩子、孩子的孩子，早晚也必须自由出入地球。人类这个摇篮不是久留之地！"

陈思柔讲完后，顾问团里最大牌的名人上台来唱压轴戏。他叫石立新，创办了中国独家，世界前三位的太空边缘旅游公司——飞越公司。这家公司用氢气球吊舱把乘客载上四万米高空，在那里俯瞰地球。在刚刚起步的中国民营宇航业里，飞越公司规模不大，却最有名。陈思柔很早就从媒体上听说过石立新。不过她没想到，那个名字对应的却是这么一个人。石立新皮肤很黑，一双小眼睛，塌鼻梁，一口江浙普通话。西装虽然是名牌，却穿得松松垮垮。

一听就是"60后"那代人的传统姓名，加上长相和穿戴，石立新就像劳务市场门口的农民工。看到这幅尊荣，陈思柔马上就知道石立新为什么不在媒体上曝光照片。但这个不佳的第一印象只停留了几秒钟，马上就被他的演讲打破了。

石立新拿出一张塑封的蜡笔画，技法幼稚，仔细分辨才能认出画的是一座太空城。石立新读小学

时，学校组织他们参加全国青少年科技创新大赛，这张画拿了三等奖。从此，他就把这幅画带在身边当成励志法宝。

开了口的石立新变得神采飞扬，颜值仿佛也跟着上涨。"同学们，有画为证，我小时候和你们有同样的梦想。可你们一定知道，建造一座太空城要送上去多少金属材料，多少水和食物，多少空气。最后，需要多少运载火箭才能完成这个任务。现在我们中国最牛的长征七号，起飞重量六百吨，只能把十三吨半有效载荷送到地球轨道。如果要送到太阳轨道，那只能运送五吨。造一座像样的太空城，起码要用一千枚长征七号！"

同学们你看看我，我看看你，这个现实有点太骨感了。

"但是，既然主办方说了，你们是在设计2070年的太空城，到那时，会有一种简便的方法，把发射费用压缩到现在的百分之一。大家瞧这个！"

投影仪上出现一个巨型气囊，飘浮在黑乎乎的临近空间里。气球背上有个小小的发射平台，一枚火箭直指中天。"我们在三万米高空建造这么一座平台，靠浮力固定在那里，上面再建好发射台。助推火箭就可以大大缩小，有可能十吨起飞重量，就能送一吨有效载荷进入太空。现在，我就在为此努力。"

石立新的设计引起孩子们纷纷议论。"这个气囊要多大？""火箭怎么吊上去？""尾焰会不会烧到气囊？""反作用力会不会把发射台冲散架？"

孩子们的问题一个接一个，最后几个把石立新都问住了。显然，对于这个项目的一些细节，他还没想清楚。

坐在嘉宾席上的陈思柔惊得说不出话来。是的，这个构想如此简洁，貌似完全有可行性，只要有人真去实施，今年、明年、后年，反正不用像发射飞船去火星那样久，这个简易的发射平台就能运行。

要不是自己也算顾问，陈思柔真想像学生们一样围过去提问。晚上，主办方请顾问们一起到餐厅吃饭，陈思柔兴奋地走到石立新身边。"石总，那个气囊平台，您真的要做吗？"

"真的要做啊？你一定也是航天专家，欢迎你加盟。"

石立新匆匆而来，匆匆离开。几小时后，陈思

柔估计他这句只是客套话。

>> 五、夜审

走进派出所，看到所长亲自迎接，石立新觉得自己到底是个名人，待遇非同一般。"什么案件需要我协助调查？"

这是派出所所长在电话里请他过来的理由。石立新以为哪个朋友出了事，接到电话便匆匆赶来。院里停着一辆面包车，旁边站着几个人，穿着便装。所长没回答，只是请石立新跟他们走，态度上对那几个人十分恭顺。

"怎么，不是您找我有事吗？"石立新惊诧道。

所长摇摇头，后退一步。两个便装汉子左右围上来，先收缴了石立新的手机，然后把他推进车厢。里面没有窗，只能凭借感觉知道车子发动、行驶、拐弯、加速。石立新没经过这种阵势，马上蒙住了。

"出了什么事？""咱们这是去哪里？""你们是哪个部门的？""有逮捕令吗？"

车子开出很久，石立新一直在问，没人回答他。石立新唯一能确定的是，自己从派出所院子里被带走，这几个人肯定不是绑匪。车子开了很久，石立新估计已经出了北京主城区，才终于停稳。石立新被两个人架下来，直接送入一道门，完全看不清周围的样子。

石立新最后被带到的地方也不像审讯室，更像一个医疗检查室。几个激光打出的红点停在他的胸口、额头等处，且不停地变换位置。没人给他拍照、留指纹。总之，一切都说明这里不是普通公安机关。

一个谢顶的中年男子走进来，坐在他对面，脸上冷得能结出冰壳。"你上周去了西南交通大学高温超导实验室？"

"是的。"

"你提出要看冷发射电路控制实验台？"

"我是想参观，难道它不能随便看？"

"哼！幸亏西南交大的同志警惕性高。你不会不知道它是做什么用的吧？"

从潜艇上发射导弹，必须先把导弹推送出水面再点火，这个技术叫作冷发射。石立新想参观的实验室，在国内这个领域里处于领先地位。难道这里是总参二部？是国安局？"我可以请律师吗？这是哪里？我能不能打电话？"石立新的头变得大起来。

"知道，用于新一代潜射导弹冷发射！"

"你一个民营公司，打听这种技术做什么？"

"你这不是一般刑事案件，找什么律师？老实交代才有出路！"中年男人手指一挥，左侧墙壁上出现几张外国人的图像，上面都是同一个人，有站姿、坐姿、工作照、生活照。在最后一张照片里，这个老外和石立新坐在咖啡厅里。"去西南交大之前，你见过这个人？"

那是托尼！"怎么，我和他认识十多年了，一直在合作，不信你们可以调查。"

"你不知道他是美国军用卫星发射承包商吗？"

石立新冒了火。"他是又怎么样？冷发射技术美国领先咱们十年，他稀罕偷你们那点技术资料？"

"这和领先不领先没关系！"中年男子不能让他压住风头。"就是中国军队还用小米加步枪，对手肯定也要侦查我们的装备水平！"

"那是你的想法，人家托尼可是给我弄来了PBO！"

"PBO是什么？"

"是什么？聚对苯撑苯并二恶唑！"

这个答案正确无比，但接近于恶作剧。"这又是什么？合成药物？"中年男子莫名其妙。

石立新满意地看着对方的表情，担惊受怕这半天，终于占了点上风。"这是超级化学合成纤维，强度超过钢丝的十倍，摄氏650度才分解。制造临空飞艇，它是最好的外壳材料。全世界只有日本东洋纺公司能够量产PBO，而且全部销往美国，再由美国通过配额分销其他国家。以现在的中美关系和中日关系，这个配额有多难得，你能明白吧？"

问话的男子没和他纠缠，退了出去。不一会儿，另一个中年男子走了进来，带着一副笑脸。"石立新先生，请原谅，有些事情不能按一般司法程序来办。我们好奇的是，你经营一家商业公司，打听潜射导弹技术做什么？"

"你是航天专家吗？"

"我不是，但我们有航天专家来分析你的回答。"

既然坦白从宽，那好，石立新把他在造梦空间讲的东西再次全盘托出，并且详细了十倍。什么充气平台、飞艇对接、旋转喷口、惯性平衡、超高空组建、纵摇角、横摇角……他不管对方能不能听懂，反正一股脑儿倒出来，在讲解中享受着知识上的优越感。

"这是一盘大棋。今后除了宇航员，其他东西都可以通过临空发射平台送上太空。弄得好，我会占领全球发射市场的七成。所以，这就是为什么一家商业公司需要潜射导弹技术，我得把火箭弹出平台，在安全距离之外点火。我想让中国成为全世界的廉价发射中心，所以我比谁都爱国，你们听懂没有？"

对面那个人是天底下最好的学生，听石立新唠叨半天，却一直不表态，除了点头，就是在听不懂的地方问一句。他也不做笔录，石立新估计屋子里另有记录设备。他听说，大凡审讯都要有人唱红脸，有人唱白脸。不过他问心无愧，回答如水银泄地。

不知不觉，石立新讲了一个钟头的课。对方觉得细节上了解得足够多，便提了最后一个问题："你既然有这么个详细的计划，把它提交给航天部门不就行了吗？"

"给他们？你知道他们的指导思想是什么吗？"石立新压抑半天的情绪再度激发。"唐家岭我经常去，航天城那里大标语写着：万无一失！什么才能万无一失？旧技术、老技术、重复应用的技术才能万无一失。美国宇航局一共造了五架航天飞机，摔下来两架。全世界民航机如果也是这个事故率，得摔下几千架。但这影响美国人发展宇航技术了吗？没有，先进技术就是摔出来、毁出来的。所以，你怎么能指望追求万无一失地能搞这种新技术？"

中年男子点点头，同样没下任何结论就离开了。所有红点都从石立新身上消失，他估计那是某种遥感测谎仪。现在像血压、心率、呼吸、皮电反射之类的生理数据都能遥测，从前那种需要把人用一堆电线绑起来的测谎仪已经是老古董了。

下面，该是他们的上级出场了？刑警队队长还是国安官员？石立新胡乱猜测着。过了一会儿，前面那两个便衣走进来，请他跟他们走。三个人来到一间会议室，标准的会议室，灯光柔和，桌面上准备了咖啡、茶点和水果。一个三十出头的女子坐在那里，面貌像南方人，瘦小、干练。虽然年纪不大，但别人对她很尊敬。这个女子向石立新身后挥挥手，那两个人退出门去。

"你好，我叫杨真，高科技犯罪侦查局侦查员。"主人向石立新伸出手。石立新机械地握了握手，才意识到以前没听说过这个机构。

"你们……什么局？"

"高科技犯罪侦查局，跨部委的联合调查机构，不属于任何机构，但又和他们都有合作。我们局刚成立不久，您没听说过很正常。"

听起来权限很大！不过，看这个人很和蔼，石立新壮起胆子。"我到底犯了哪条法？"

"对不起，石立新先生，经过调查，可以排除您的嫌疑，您是自由的。"杨真一点不像司法人员，倒像个律师，或者客户经理。"我们负责监控全国重点实验室和重点科研项目。知识就是力量，现在中国有几十万个科研机构，从业人员几千万。他们都掌握了什么知识，拥有哪些力量，别说政府、社会、公众，就是科学界自己都不清楚。对科研进行监管的需求越来越大。现在有的大学生都能制造出原子弹样品，填上核炸药就能引爆。如果弹道导弹技术再随便扩散出去，危险可想而知。您去的地方，正好在监控范围里。"

"可是，你们这个监控名单公开过吗？"石立新听罢，胆子更大了。"以后我和科研部门打交道，怎么能知道过没过线？"

"希望你能理解，名单上的机构多数是国家机密，不可能公布。"女子拿出一个类似移动硬盘的小东西，递给石立新。"下次你想和哪个科研部门合作，把这张卡插在手机上，就可以联系我们，看它在不在名单上。顺便说一句，您的临空冷发射构想很棒，我预祝您成功！"

>> 六、大驾光临

石立新爱在微信上"直播"行程，哪怕路上塞个车都要拍张照片发出来。遇上这么大事，石立新很想发几篇泄泄愤。但犹豫再三，还是下决心不告诉任何人。这帮人能监控自己的一言一行，说不定以前和哪个女人开房他们都知道得一清二楚，可别自讨没趣。

尽管最后露面的杨真和颜悦色，但谁愿意过堂呢？回到住处时已经半夜，石立新睡不着，跑到附近酒吧，灌了许多酒来压惊。所以第二天上午，贵人大驾光临时，他正蜷在办公室沙发上酣睡，屋里充满酒气。名叫童刚的助理把他推醒，报出来人名字。石立新的酒立刻被吓醒，赶忙跑到卫生间洗了把脸，出来迎接。

完全没有预约，著名高科技风险投资人王川带着两个助手，突然光临他这家太空旅游公司。石立新出来接驾时，王川正站在迎门的照片墙前面观看。那里有石立新参加国外太空边缘游的照片，有他在商业太空论坛演说的照片，有购买过飞越公司服务的各界名流照片。

虽然对方经常在媒体上露面，石立新差点没认出来。王川身材很矮，媒体摄影记者刻意回避他这个弱点。"您……您……怎么亲自过来？"石立新辨认了一下才确认这就是王川。他曾经向王川的团队递送过临空冷发展项目策划书，本以为第一关会是让自己上门介绍项目，甚至可能见不到本尊，只能和王川的某个基层经理交谈，所以他一点准备都没有。

"我来看看你们的日常工作状态。"王川带着助理，跟着石立新在飞越公司里上上下下转了一圈。这是飞越公司在北京的总部，负责接待游客，洽谈商户，并不是把人送上天空的地方。总部有十几名员工，因为经常有人参观，他们也不知道此人是何方神圣，都在埋头做自己的事情。

如果王川真想投资一个项目，不会待在屋子里听报告，突然袭击是必须的程序。看到外面几张电脑桌上十分凌乱，石立新很尴尬。最后，他们坐进办公室的沙发上。开了半天窗，酒气仍未散尽，茶几上残留着水渍和烟灰，石立新忙抽出纸币擦拭。"您看，您看，我什么也没准备。"

"你要准备什么？"

"哦……不是，不是这个意思，"即使昨晚面对神秘的高科技犯罪调查局，石立新也没有这样惊慌。

"太空边缘旅游这个业务你开展了一年多，国内垄断，国际知名。但你没有赢利，对吧？"

"我已经送了三十多个人上去……"

石立新马上意识到，他没有忽悠这种级别巨富的经验。别玩心眼儿，这可是王川。"是的，公司还没赚钱，不过，只要加大推广力度……"

王川的时间很宝贵，所以句句一针见血。"你的公司很有名，但实际资产，应该只有几千万吧？"王川指指屋里屋外。

"不不，这只是管理部门，我们在内蒙古额济纳旗有发射场，那可是硬件。"

"那个场地是你们向中国飞艇基地租的，气球也是向他们定制的，对吧？"

石立新挠了挠头。他习惯虚张声势，但过去这二十四小时的经历让他知道，在某些人眼里他完全

透明。那么，给王川看到这么糗的样子，他还有希望吗？

王川没让他煎熬多久。"你这家公司，我看中的就是临空冷发射技术。对民间宇航产业来说，你这里就是乔布斯当年那间车库，我会考虑投资。但在这之前你要完成两件事。第一，要拿出完整的设计方案，我不对空洞的概念进行投资。第二，你的团队里要有参加过大型宇航企业运营的人。我调查过，你并没有运营几亿元资本的经验，甚至，你本人都没在那种规模的团队里待过。所以你要找到这种人，充实到团队中。我们搞风投，一看项目，二看团队，明白吗？"

"明白，我马上就找。"

王川站起来就往外走。"王总，您留下吃个饭吧？"石立新头一次和这种级别的企业家接触，手足无措。

"谢谢，我还要考查下一个项目。"

王川说完，转身离开。他的助理也站起来，坚决地替他挡住石立新热情挽留的手。

>> 七、邀约

"您真要我加盟？"

海淀区知春路一间咖啡厅里，石立新郑重其事地发出邀请。在他对面，陈思柔的眼睛冒出亮光，距离理想近了一大块，但自己却还没有迈步，这太幸运了！

"我需要您这样在航天国企干过的人充实团队。"石立新比陈思柔大十六岁，他这个"您"听起来很滑稽。

自从"造梦空间"一别，石立新就把陈思柔拉到自己的微信群里。群友不是商业大佬，就是文化名人，还有石立新公司里的几个高管。她记得网名叫"糖糖""余温"什么的，都比较健谈。石立新的网名叫"石头"，经常在群里发布自己的动态。不是今天和这家公司签约，就是明天和那家公司洽谈。总之，在虚拟世界里，"石头"老板正从一个胜利走向另一个胜利。

陈思柔在群里插不上嘴，只能听各位大佬们的高谈阔论，宇航事业未来几十年的蓝图在群里徐徐展开，但自己只有羡慕的份儿。没想到，今天她接到了正式邀请，能够亲自去那张蓝图上画几笔！

是的，陈思柔太想参加这个团队了。她告诉石立新，从"太空城一号"撤出来后，她就经常产

生幻觉，仿佛自己仍然生活在壳体下面，或者，在白云蓝天之上倒扣着一个巨型透明顶盖。不知哪一刻，周围又会警铃大作。不同的是，这次她将无路可逃。

"没人会救我们出去，也不可能从外面输入物质让生态恢复平衡。闷在盖子里的人类只能互相残杀，争夺残存的资源。最后剩下一点人，倒退回原始社会。这个盖子不是实体，是一个数值，现在还不知道它是多少，也许已经很接近了。"

这不是第一次有人用透明盖子来比喻地球资源的紧张。石立新经常参加民间宇航产业研讨会，他在会上听经济学家讲过，人均资源占有量就是经济发展的玻璃天花板，任何一个国家只要达到现今发达国家的经济水平，就会撞上这层天花板，再怎么折腾都没用。

陈思柔说得兴起，顺手从窗台上抓过几张旧报纸。"可是，人类对此毫无察觉。瞧瞧这上面的新闻，中东爆发新冲突，沪深股市下跌三个点。这都是什么啊，和您正在做的事情相比，这都是鸡毛蒜皮！"

陈思柔终于有机会，把这段时间的想法一股脑说出来。当她停住话头，才意识到未来的老板半天都没开口。"石总？是不是我讲得太多了？"

"哦，不……是你把我要说的都说完了。"石立新准备了一火车的话，想先侃晕这个小姑娘。现在他发现，自己对宇航意义的认识可能还没有对方深刻。

陈思柔立刻同意加盟，完全没注意石立新提出的工资标准。只是，从巨型国企跳到前途未卜的民营小公司，陈思柔以后在父母亲那里还要费一番口舌。看到她满心欢喜的样子，石立新有点后悔把工资开高了。他从航天国企中挖不到顶梁柱，只能朝这些生瓜蛋子下手。陈思柔不满三十岁，没当过高管，但至少在几个数十亿元规模的巨型航天项目里干过。也许她能满足王川的要求？石立新也拿不准，只好冒险一试。

"对了，临空冷发射这么前卫的设想，本来应该他们去干啊。"陈思柔往窗外一指，左面是中国卫星制造厂，右面是航天五院。附近不是某个航天部门的办公楼，就是他们的家属宿舍区。"您和他们有沟通吗？"

"他们？其实我做太空边缘游，用的就是航天部门的资源。他们不少人都知道临空冷发射这个设想，但他们有顾虑。"

"哦……"

"你就在这头恐龙肚子里待过，你应该知道，那里有几千名工程师，几千亿资产，全国那么多发射场、实验站。如果投资不到百分之一的新平台能够代替这些，你觉得他们会怎么想？"

陈思柔立刻看清了一些待在恐龙肚子里注意不到的事。"所以我更应该跳出来，和飞越公司这只小小的哺乳动物一起进化！"

石立新用力地握住她的手！

只用几天时间，陈思柔就办完了离职手续。从电梯间里出来，她正好碰到曾经的上级邱广宁。后者已经上调到航天六院，出任常务副院长。两人在休息室闲聊片刻，听到陈思柔的决定，邱广宁很惊讶。陈思柔却信心满满："邱主任……不，邱院长，石立新那个计划，你们也应该关注一下。当年德国人让布劳恩去造 V1 火箭，他连三十岁都不到啊。"

"小陈，这你可将不了我的军。时代变了，二三十岁的人鼓捣鼓捣就能完成划时代的发明，至少在航天这个领域已经没有可能性了。当然，你还年轻，闯荡一下也好，只要别离开航天就行。"

钻出了恐龙肚子，陈思柔就赶到飞越太空旅游公司位于北京酒仙桥的总部。在那里，公司租了整整一层办公楼。门口那组照片墙迎接着八方宾客，现在，陈思柔也站在它面前。上面不是文体明星，就是企业大佬。但他们都加起来，也没有照片墙上方那句标语更能吸引陈思柔。王川到访时也没注意到它，那句标语的含义只有航天人才懂。

人人飞越卡门线！

天空与太空并无自然分野，国际航空联合会将距地面一百公里规定为两者的分界线，并为纪念著名航空工程师冯·卡门起了这个名字。这个人不仅奠定了现代航空和火箭技术的许多基础理论，还培养出大批专家，包括中国航天科技奠基人钱学森和钱伟长。从师承上讲，陈思柔这些科班出身的航天人，都算冯·卡门的徒子徒孙。

从加加林开始，已经有一百多号人飞越了这道看不见的线，但比起"人人"这个理想显然差得太远。陈思柔忽然意识到，想象中那个看不见的透明罩子是什么了。她还不到三十岁，有生之年，她有希望飞越卡门线吗？

石立新给公司起的名字普通得有些发俗，现

在陈思柔才知道它的真正含义。不过，靠气球最多只能把人送到几十公里高，要穿越卡门线非火箭莫属。也就是说，从太空旅游公司运营开始，石立新就把野心写到公司名字里了！临空发射平台一旦建成，将垄断卫星和常规物资的发射，大型发射场腾出空间，会把更多的人送上太空。

甚至，将来这个技术更成熟，普通人可以直接从这个平台上进入太空。石立新计算过，他能把单人宇航费用降到一百万美元以下，相当于一辆宾利！

现在，陈思柔站到这个伟大事业的门坎上。她激动地望着那条标语，半天没迈开步子，直到石立新迎出来。

飞越公司近门区域用来接待客人，这里布置整洁，装修豪华，后面大部分是设计室。老员工们在石立新招呼下，纷纷出来迎接陈思柔。他们出乎意料的年轻，大部分都像学生，估计有几个就是来实习的孩子。置身他们中间，陈思柔仿佛回到大学校园。在航天部门，她一直被人喊"小陈"，在这里却能当许多人的姐姐。

经常聊天的糖糖是个圆脸女孩，真名很拗口，因为爱吃糖，所以网名叫糖糖。在飞越公司里，她是计算机设计部主任。余温是个高瘦的哈尔滨小伙子，因为出生地很冷，起了这个网名，在公司里的头衔是工程处主任，负责把计算机设计的结果翻建成实体。现在石立新还没钱做这一步，余温平时就负责把设计方案进行 3D 打印，供大家研究。

他们都在网上和陈思柔聊过，很喜欢这个大姐姐。糖糖挤到身边和她合影自拍，余温打趣道："人家是无死角美女，你不怕给比下去？"

"贫死你算了，姐姐别理他。"

屋里屋外，除了石立新，最大的是个三十多岁的男子。他叫童刚，头衔是运营总监。大家见过面后，由他负责给陈思柔安排工作。

"你也看到了，公司是在运营旅游项目，不过石总主要精力都转到临空冷发射技术的开发上。而我们现在实际运营的技术，是将来那种技术的基础。所以，石总安排你先熟悉公司现在的业务，飞飞太空边缘，然后再去参加临空发射技术研发团队。至于具体能做什么，要看你这段时间的表现。"

童刚比陈思柔大几岁，所以，当他居高临下地布置工作时，陈思柔并没在意。她迫不及待地要投身到这个团队中去。

>> 八、天宫如此美丽

接替一个回家生孩子的前任，陈思柔出任飞越公司贵宾接待部主任。从带领游客接受体检、训练，再到送去基地升空，全程由她负责。一进公司就被授予这么高的位置，陈思柔当然受宠若惊。进来以后她才知道，所有付费的游客都称为贵宾，因为每张门票都是几十万元人民币。

陈思柔手下有几个兵。其中懂技术的都是高校实习生，负责迎来送往的人来自礼仪公司，是租用的，真正的专职人员只有她一个。原来，公司把精兵强将都弄去搞研发了。

童刚算是顶头上司，但只负责在北京谈客户，不用跑到遥远的发射基地亲自上阵。花了几天时间，陈思柔才从他那里搞清工作程序，然后仓促上阵，接待一名二线女明星。她主演的影片就要上映，片方出钱把她送上天空，拍照宣传。

陈思柔先带女明星做了体检。整个太空边缘旅游耗时五个钟头，有半程要穿增压服。加上吊舱内空间狭窄，容易产生幽闭反应。游客心理和身体都得过关。

然后，陈思柔带着女明星进行体能训练。公司里的训练设备看上去锃光瓦亮，其实是中国航天员大队淘汰的旧设备，重新上漆后摆在那里。这些因陋就简之处陈思柔都表示理解，毕竟是民营公司嘛，省一分是一分。

预定时间到了，一行人乘着客机，飞到内蒙古最西面的额济纳旗，入住中国飞艇基地。第二天凌晨，她们来到起飞场。离开人头攒动的北京，陈思柔顿然觉得这里视野开阔，心胸透亮。荒漠上没有一棵树，凉气往肚子里一吸，整个人都精神起来。

按照程序，陈思柔必须陪顾客一起升空。太空边缘旅游的公开价格是每人五十万元人民币。哪个航天人不想升空？陈思柔早就知道飞越公司的业务，还计算过要攒多少年工资才够飞一次，石立新为她省去了这笔钱。

几个液氢泵同时打开，银色气球在晨光中逐渐膨胀。涂成这个颜色并非为了好看，而是要在高空中反射掉尽可能多的紫外线，防止蒙皮过早老化，附带效果就是让气球显得辉煌壮观。下面的吊舱完全仿照神舟号民用飞船，是个银灰色的罩形体。因为不需要隔热瓦，无需抵抗落地时的冲撞，所以做得很薄。

虽然在北京的模拟舱中练习过多次，这仍然是陈思柔去临近空间的处女航。在上万人的航天科技集团工作多年，她去过的最高处，只是乘坐客机飞翔在平流层。气球膨胀到半个足球场的直径，系留索在巨大浮力拉扯下不住地抖动。据说试飞时，它曾经拉翻过一辆卡车。所以，升空必须选择当地风力最小的时候。

提示音响起，陈思柔招呼女明星进入吊舱。"它好像没充完啊。"女明星指着还没有彻底鼓起来的气球表示质疑。陈思柔告诉她，随着高度上升，外界气压下降，内部气体会膨胀，所以气球在地面上不能充得太满。

两个人进入吊舱，系好安全带。太阳从地平线跳出来，气球下面，几条金属系留索上的锁扣同时被电子信号解开，气球晃了一下，平稳地升上半空。每一秒，她们都远离大地五米的距离。随着空气逐渐稀薄，气球果然膨胀开来，最后会达到二十五万立方米，即使如此，也只能将一吨半有效负荷送到指定位置。

万里无云，半小时后，他们已经看不清地面上的人工建筑。一小时后，天空完全黑下来。陈思柔帮客人穿好增压服，同时开动舱内外各种观测仪器，记录这里的风速、臭氧环境、紫外线、宇宙辐射等指标。游客们都以为这是吊舱运行中必须的设备，其实是石立新搭载的仪器。人类对临近空间的实地观测非常欠缺，石立新要借每次升空机会积累数据。

又过了一小时，地平线呈现出弧形。借助望远镜，她们已经能眺望到一千公里！陈思柔调整望远镜，帮客人找到银川，找到呼和浩特。陈思柔很想找找自己待过八个月的巨蛋，不过那片地方似乎有云。据说，航天员从太空上回望地球，会觉得地球很小，只不过是一艘大号飞船。现在她也有了这个感觉。

举头向上看去，像一个脸盆那么大的月球挂在天边，依稀能看清上面的环形山。这里和地面相比，离月球近不了多少，但因为空气稀薄，可以看清更多细节。

此此天空中，太阳、月亮和繁星并存，这是地面上看不到的奇景。大地上只有河流山脉还能看出形状，更小的细节在视野里挤成一团乱麻。女明星虽然待在舱里，却一动不敢动，抓着保险杆的手心握出汗来。陈思柔放起音乐，帮她调节呼吸。

看着看着，女明星眼角滚出几滴泪水，她不知道自己怎么了，随手擦掉。陈思柔听同事说，三分之一的乘客看到这么壮丽的景色都忍不住落泪。她自己也是强忍着起伏的心潮才没有哭出来。

到了预定高度，陈思柔给客人背上氧气瓶，打开吊盘顶盖，让女明星上半身暴露在舱外，做几个简单动作。她自己充当摄影师，给客人做着摆拍。

"天啊，那是什么？是我的幻觉？"女明星手指的方向上闪起一道红黄色的光幕，它远在云层上面，转瞬即逝。看距离，可能有上百公里之遥。

"那是高空放电，比云层里的闪电大得多。在地面上隔着云，看不到。"陈思柔解说时像是一把老手，其实，如此奇观她也是头一次看到。很快，陈思柔自己也被壮丽的景色震慑了，她们都暴露在近四万米高的空气中。以后，这里有可能是她的工作间、操作台。

几分钟后，陈思柔请女明星坐下来，关上舱盖，向舱里充入氧气。

尽管反复提醒，这里还不算真正的太空。但肉眼望出去，周围景色和飞船上发回来的视频没什么区别。当气球开始放气时，女明星摘下头盔，激动地问："我们离真正的太空还有多远？"

"不远了，只有六十多公里！"

"造个更大的气球不就能上去了？"

"那可不行，多大的气球都不行！"

>> 九、石头大哥

体验过太空边缘的壮丽后没几天，陈思柔就被调到研发团队，和大家一起搞设计。作为火箭发动机专业的毕业生，陈思柔到这里可谓专业对口。刚熟悉的接待任务就交给下一个新手来做。和宣传上红红火火的景象不同，飞越公司平均每周才有一单游客。这让陈思柔很纳闷，这么点收入能有多大利润，养得起几十人的公司？而且，大部分人都在北京设计临时冷发射平台，并不产生收益。但是她初来乍到，不好多问。

要在离地面三万米的临近空间平台上发射火箭，技术问题多如牛毛。首先便是没有任何火箭为这个目标而设计，他们必须以潜射导弹为模板开发新火箭。即使一再压缩，火箭起飞重量也不会小于三十吨。加上为发射服务的各种设备，负重怎么也有一百吨。按照现在飞艇自重与负载的比例，他们需要一艘自重五百吨的飞艇，它的气囊体积超过六百万立方米!

现在平流层里最大的飞艇是美国的"攀登者"号,只能负重两吨。显然,他们必须设计全新的飞艇平台。如果它真能制造出来,固定地悬浮在临近空间,只能用小一些的摆渡飞艇把物资送上去。

飞船进行太空对接已经是成熟技术,但是在大气层内让两个航空器对接或分离,却是教训多、经验少。美国人搞过"飞艇航母",俄罗斯人搞过子母飞机,最后都放弃了。

如果这关也能突破,接下来的问题是,没有哪种飞艇可以吊起三十吨重的火箭。所以它还要拆成部件分别运上平台,在那里组装,再加注燃料。这些复杂程序都要在发射平台上完成。

所以,他们不是在设计飞艇,而是要建造一座空中城堡!

但是在石立新和他的小伙伴们眼里,这些难题不是障碍,而是大开脑洞的机会。如今计算机辅助设计十分发达,各种三维结构设计都可以委托于电脑,它还可以模拟重力、浮力、风力和太阳辐射的影响。年轻设计员们守着十几台服务器和一台3D打印机,没日没夜地做。一个小组干累了,就让另一个小组上。加班费很少,石立新对什么时候出成果也没做硬性要求,是这些飞快旋转的大脑自己不愿停下来。

这个场面让陈思柔想起太空城市设计大赛,比起那些高中生选手,这些小同事们平均年龄不过大了几岁。他们有足够的体力和激情支撑自己。

石立新的作息时间也不规律,一旦想出什么点子,往往半夜不睡,跟年轻人一起忙活。有时他会露出土豪范儿。每次设计讨论会上,他都把一摞百元大钞放到眼前。谁的点子被采用,当场可以拿走一张。

夜里大家干累了,石立新就让陈思柔泡茶、冲咖啡、放音乐。什么《星球大战》《超人》《加勒比海盗》,还有苏联军乐《神圣的战争》《莫斯科保卫者之歌》,还有她听不出名字的各种曲目,反正都是提神醒脑的进行曲。至于饼干、点心、水果、糖块,更是摆得到处都有,随取随用。

除了物质刺激,石立新也会在休息时灌点心灵鸡汤。"我小的时候,人类今天上太空,明天登月球,后天朝太阳系外发射无人飞船,那才叫日新月异。比起当年,人类财富增加了不知道多少倍,就是丢了一样东西——雄心!这比什么都可怕。现在,至少咱们要让全世界明白,在太空的门坎外,不是所有人都安于现状。"

夜深时,方便面调料的气味和人们的汗味混在一起,令人窒息。陈思柔逐个把窗户都打开透气。每天早上,保洁员都要从东倒西歪的人旁边走过,拾捡凌乱的包装袋。这是真正的创客群体,陈思柔虽然爱干净,但她能忍受这些小毛病。

因为网名叫"石头",公司员工与老板年龄差距大于十岁的喊他"石头大叔",不到十岁的要喊"石头大哥",像陈思柔这样的新手才喊"石总"。知道这个惯例后,她决定永远喊他石总,叫他石头大叔?那成什么样子!

平台的外形把设计团队憋了很长时间。这将是一座为悬停制造的硬式飞艇。在它上面,要把一枚直径不到两米,长十几米,重三十吨的火箭竖起来,会在局部产生巨大压力。潜艇壳体是金属,不在乎这些压力,柔软材料制造的飞艇不可行,他们得把这种压力分散开来。大家先后设计出羊皮伐形、莲花形、盆形等各种形状。然后把它们的3D打印品摆在桌上,围着指指点点。结果,哪一种看上去都有致命缺陷。

"你们知道美国的ISIS飞艇吗?"在团队里看得久了,陈思柔开始提出自己的看法。

"什么? ISIS飞艇?"

"ISIS是'传感器与结构一体化飞艇'的缩写。"

余温听了她的解释,吐了吐舌头。

在传统飞艇的中段,从腹部到背部开一个洞,把相控阵雷达埋在里面,这就是"ISIS"飞艇的设计特点。它完全突破传统飞艇的形状,只不过,它是美国空军的概念设计,还停留在方案中。

"咱们这个平台虽然叫飞艇,但并不是为飞行而设计,目标就是悬在高空。"陈思柔抓起一个甜甜圈。"做成这样就行,发射台和火箭就在中间的空洞里。"

"对,大环套小环,全部负重用拉丝均匀分散到平台外环。"糖糖拍手叫好。"老大手里有PBO,做蒙皮不够,正好用来做承重拉丝。"

"这样一来,用现成的观光气球就能送人和物资。"余温也受到启发。"我们一直考虑怎么让两个有自主动力的航空器对接,其实只要平台有动力就行了。气球吊着东西往上升,平台过来对接,让气球升到中心空洞下面,扣住、放气、移交物资!"

太好了，脑洞原来可以还这样开！"

石立新在旁边听完，数出十张大钞，递给陈思柔。"不是一个点子一张吗？"陈思柔没好意思接。

"你这个点子是突破性的。"

陈思柔没好意思把钱塞在包里，到附近小卖部买了几箱方便面，给大家当消夜。屋子里一时间热气腾腾，石立新也泡了一碗，端到自己办公室里。陈思柔走过来问道："石总，这些设计完成后，我们真有钱试制吗？"

"有！"

"这可要几个亿啊。"陈思柔初步估算，制造一个平台就得几千万，世界上强度最大的 BPO 纤维，一吨就要两百万人民币！至于火箭研发费，怎么也下不来一个亿。

石立新满不在乎。"钱不是问题，中国现在只缺好项目，不缺钱。"

如果年轻几岁，陈思柔会被这种气势震住。但是现在，她已经会考虑更实际的问题。她实在看不出石立新从哪里变出几个亿。

人生不止如初见，几个月下来，公司许多缺点都钻到陈思柔眼里。"石总，您怎么没有加密电脑？"休息的时候，陈思柔冷不丁提了个问题。

"加密电脑？那是什么？"

加密电脑是与互联网物理隔绝的电脑，想从里面盗窃信息，只能把它硬生生拆开。加密电脑上只有经过改装的 USB 接口，员工通过它拷贝文件，必须两个人共同启动密钥才行，否则就会触发警报。陈思柔在航天部门用的都是这种电脑。

一周后，飞越公司有了自己的加密电脑。石立新还给陈思柔封了个官，叫信息安保主任。"为什么是我？"陈思柔不解道。

"我们这里没人在航天部门干过，保密规则不如你熟悉。"

"我那个接待主任还没撤呢，又加一个，您这不是洪秀全封王吗？"

不光她有两个头衔，公司里至少还有十几个主任、部长和经理。石立新告诉她，自己在为公司壮大做准备。就像军队里的教导队，平时只有军官，填进士兵就是一支庞大的队伍。

又过了几天，陈思柔建议石立新别在微信群里乱发东西。"机密往往是老总泄露的。您在微信里恨不能直播每日行程，这可不好。"

马上，石立新在微信里沉默寡言起来。陈思柔

没想到自己的话这么管用，很快她又找到老板提建议。"石总，您这样的业务规模，应该请专业公司代账，做细致的成本核算。将来公司做大，财务不能不规范。"

第二天童刚就找到陈思柔，问她对老板说了什么。请会计公司代账，这个事童刚早就提出过，但是要把公司账目交给外人管，石头大哥一直下不了决心。童刚不知道陈思柔讲了什么深刻的道理，才说服老板。

陈思柔重复了自己说过的话，听上去很平常。童刚找不到答案，摇头离开。

不几天，陈思柔拿着自己画的日程草图拦下老板。"石总，设计团队分几个小组，现在进度很乱，不同小组之间都不衔接。您应该知道 GDT 时间管理程序吧？"

石立新摇摇头。

"六点优先工作制呢？"

石立新尴尬地笑了笑。当年他读机械专业，老师只教设计，根本没开管理课，这些洋名词听都没听过。陈思柔提醒他，复杂工程如果不搞好时间管理，一个部分完成了，要等另一个部分，势必浪费人力物力。太空边缘旅游只是山寨别人的成熟技术，石立新可以想到哪做到哪。现在设计临空冷发射平台，这可是全新工程。她估计最终得要几百个人、十几个部门协同才行。

"那你看，有没有可能帮我设计那个……"

"GDT 时间管理程序？"

"对！"

除了陈思柔，最近还有两个科班出身的员工进入公司，都是石立新网罗专家计划的对象。两个人来自南昌航空大学，利用暑期试工，如果磨合得好就留下。很快他们就对这种小作坊式的混乱管理感到不满。两人都比陈思柔大几岁，遇事不愿多说话。现在，陈思柔拉他们一起来设计时间管理程序。

"小陈，做是可以做，石总有没有提到加班费？"

"他没提，我也没要。"

两人你看看我，我看看你，最后咬咬牙。"好，我们就算帮你一次吧。"

一天后，三个人把公司最佳时间程序做了出来。方案交上后，很快石立新就以它为依据，宣布一系列规章制度。不过，这并没留住那两个高校教师，他们一起辞职，还劝陈思柔离开这个坑。他们

分析，石立新的话并不可信，未必有人投资，而是他想先做个设计方案，拿出去圈钱。他们决定回去重端铁饭碗。

但是，陈思柔已经斩断了退路。她为石总辩护道："即使像你们说的那样，我觉得也没什么。乔布斯如果不先攒出一台电脑，谁给他投资？"

两位老师涉世略深，知道天底下并没有几个乔布斯恰好让他们遇到。

就这样，东一条西一条，陈思柔成了公司里的谏官。有一天陈思柔忽然意识到什么，问石立新："老板，我的意见是不是太多了？"

"小陈，我已经想清楚了，公司缺乏专业的项目开发主管，你有没有兴趣做？"

>> 十、金手铐

一本有《现代汉语词典》那么厚的合同摆在石立新面前！

石头大哥想不到，一个项目会有那么多要写入合同的细节。他把童刚、陈思柔、糖糖和余温这些骨干叫到一起，让他们逐个分析合同里面的几百个条款。

看到合同中乙方的名字，陈思柔彻底服了石总。他没吹牛，真有强大的金主支持这个梦想！

其实，这段时间石立新完全靠托尼的补偿金维持团队开支。如果这笔钱花完了，却没融到资。他就不得不遣散这几十号人，还得收起雄心，老老实实做个旅游观光商人。

王川送来的是成立太空发射合资公司的方案，内容罗列有几百条。从合资前的尽职调查，到将来去海外上市时要付的财务费用，巨细靡遗。果然应了那句话：有褒贬才是买主。

合同里最关键的还是实验费用。在计算机上搞设计，比纸上谈兵只复杂一点点。拿设计方案去试制，那可要大笔的钱去堆。

当石立新再次坐到王川对面时，要争的就是这笔钱。他的年轻团队骨干分坐左右，替老板补充技术要点。"这和您以前投资的IT行业不同，这是真正的自主创新，实验本身就是风险。"石立新总是那么激昂。

"我明白，不过，别以为风投的钱可以随便烧，我允许你失败的次数很有限。"王川用食指敲着合同。"发射平台允许你失败四次，第五次必须成功。助推火箭允许你失败三次，第四次必须上天！"

争来让去，双方最终敲定，太空发射公司在平台试验上可以失败六次，助推火箭失败五次。

然后，王川将五亿元人民币注入这个新公司，石立新则以技术和人才入投，占35%股份，折成身价约有两亿五千万人民币。不过，火箭要是上不上天，这个身价只是空头支票。

开发宇航技术需要通过设计—试制—生产等程序。石立新已经完成了初步设计，五亿元就全部用于试制。一旦成功，王川还将另外出资，把公司打造成垄断全球的发射服务商。

不仅给石立新投了钱，王川也动用了自己的政府资源。在中国，民营公司要发射任何物体进入地球轨道，必须申请《民用航天发射项目许可证》。石立新搞的太空边缘旅游尚未碰到界线。现在，他必须要一纸文件，才能往天空射出一枚火箭。

王川很快就拿到了相关文件，新公司可以在阿拉善盟建立实验场。临空冷发射平台则悬浮在该盟管辖的额济纳旗上空，实验火箭将向东发射，如果失败，就会掉进阿拉善沙漠。

不过，这五个亿并非打到石立新的账号上，让他随便花，石立新必须拿着报告书，一次次去领款。喝完庆祝酒后，王川离开公司，留下一个名叫常非的会计师出任新公司财务主管。王川是纯粹的商人，不是保罗·艾伦那样的太空狂热分子，一大堆分析师、会计师和律师帮他确定项目。

对石立新来说，这笔巨款就是金手铐。

终于有了钱，那个双环结构的3D打印模型就要变成实物。石立新马上招兵买马，大小主任们纷纷有了真正的部下。即使如此，公司仍然无法全靠自己的力量制造一切。这些团队兵分数路，分别去火箭设计公司和飞艇制造厂，这些供应商才是真正的试制者。

在阿拉善盟首府巴彦浩特市附近，坐落着世界上最大的飞艇制造厂——中国飞艇基地，飞越公司的旅游气球就从这里升空。现在，基地顺理成章地成为他们的供应商。

按照设计，平台不是一个飞艇，而是内外两个环。里面是一个指环样的硬式飞艇，直径一百五十米。中间留着一个直径五米，高二十米的核心作业区，总装、发射设备和火箭都放在里面进行。附近还安排有人员操作和居留的舱室。平台完成后，将有五个人在上面长期值班，成为居住在临近空间的第一批人类。

外环则是八个软式飞艇，合称外环气囊组。它们要提供浮力，共同拉起核心作业区。单靠一百五十米直径的内环，无法承托这么大重量。

如果把内外环拼装起来，在地面充好气，那将是直径四百米的圆形巨物，抗御不了对流层中变幻多端的气流。会像当年美军的飞艇母舰，生生让大风吹落。所以平台起飞前，外环要折叠后放在中央环内，核心作业区也只有一些预留的锁扣。中央环升空后，到达预定位置，充气装置再给外圈八个软式飞艇充气，让它们依次展开，最后形成一个中间有孔的浅碟形平台，靠几台姿态控制发动机来调整位置。

然后，他们再放飞摆渡气球，把各种设备分次运上去，一件件通过锁扣与平台连接起来。三万米高空会出现一个史无前例的建筑工地，十几个人要在那里工作数日，直到把平台建成。

最后建成的冷发射平台直径四百米，气囊总体积六百万立方米。单是蒙皮就需要上百吨材料。托尼提供的那十吨PBO非常宝贵，石立新计划用它们制作系带，将核心作业区牢牢绑在中央环和外圈气囊上。

在核心作业区里面，将要铺设电磁弹射装置，还有火箭总装台。管形的燃料储备室分散在内外环之间，之所以没制造成筒形，也是为了尽可能分散压力。他们计划使用液氧和煤油这对最便宜的组合来做火箭燃料，平时这两样东西就灌在储备管里。

一切落成后，箭体和卫星分几段运上来，在核心作业区总装，再加注燃料。然后，超导电磁弹射器将火箭弹出核心作业区，飞到安全距离外点火升空。

这个美妙的工程蓝图已经画在电脑里，接下来，他们要把它在三万米高空变成现实。

拜中国发达的制造业所赐，飞越公司不需要从零开始制造一切。但由于设计异常新颖，难度史无前例，供应商们叫苦不迭。公司的几个团队分派各处，与对方的技术专家磨合沟通。好在有陈思柔设计的时间管理表，虽然人员增加两倍，但不再像以前那样杂乱无章。

石立新经常会到飞艇基地，过问平台制造。忙活一天后，他们就来到大院里聚餐。石立新会点上一大锅羊肉，大家围着炉火粗犷地嚼着、喝着、唱着。

每次聚餐，陈思柔总是吃得最少，而且只吃锅里煮的菜。"陈姐，你是素食主义者？"余温好奇地问。

陈思柔从手机上调出自己以前的照片，虽然比不上糖糖，身材和脸蛋也明显比现在圆润。她告诉大家，吃素是在"太空城一号"里养成的习惯。当时，他们只能携带三周的食物和水，吃完后就要自给自足，所以大家尽可能省着吃。他们慢慢发现，保证健康并不需要很多食物，为什么以前在外面吃了那么多东西？"太空城一号"里也自产肉蛋奶，但需要消耗大量植物饲料，对于斤斤计较的生态圈来说是个沉重负担，所以大家自觉地不动荤。

石立新喜欢给属下讲自己的发迹史，每次聚餐都成了他做企业文化教育的时间。陈思柔也在聚餐中，一点点了解了石立新的创业史。作为一个机械设计专业的学生，石立新最初的职业生涯离宇航有八丈远。他生长在苏北一个小县城里。那个县叫什么，陈思柔到最后都没记清。石立新离家闯荡，赚过、赔过、又赚、又赔，反反复复，十年前才算掘到第一桶金。

有一次，石立新被邀请参加民间太空商业座谈会，成为他进入这一行的开端。看到商机后，石立新到美国参加了一次模拟太空旅行。其实就是乘坐军用运输机上天，飞机关掉发动机，做几分钟自由落体运动，让乘客们体验什么叫失重。那次石立新呕吐得一塌糊涂，然后便决定作这个项目的中国代理。

那时候，他的带头大哥，美国商人托尼也刚刚起步。除了技术，托尼跟他说得最多的，就是别听世上庸人发牢骚，人类一定要走出地球，必须这样！

平日里，石立新嘻嘻哈哈，满不在乎。终于有一次，陈思柔看到了他焦虑的一面。那天午夜，大家守在投影仪前，看着从美国传回的网络直播画面。"平流层发射系统公司"研制的巨型飞机携带着实验火箭，开始第一次试射。这架飞机的翼展超过足球场的长度，足足滑行四千米才离开地面，然后向大西洋飞去。半小时后，这架双体飞机来到一万米高空，抛下悬挂在两个平行机身之间的助推火箭……

由于画面是从飞机上拍摄的，摇晃不定，他们好半天才发觉火箭并没有点火，旋转着坠向洋面。

两分钟后，消息得到了确认，助推火箭发射失败，直接落入大西洋。

余温当下就和几个小伙伴欢跳起来。石立新长出一口气，然后制止住部下。"别这样，今天我们看别人笑话，转天人家也会看我们的。"

各国都在研究廉价发射技术，大部分人看好用飞机发射，它也是飞越公司潜在的竞争对手。这家美国公司花了几亿美元，打造出世界上最大的专用飞机。相比之下，他的技术就像小米加步枪。而且，步枪真可以杀敌，他的飞艇真能把火箭射入太空吗？

陈思柔的任务是与总部设在西安的中国航天推进技术研究院对接。这个院正在集中精兵强将，打造未来中国的重型火箭，它将把航天员送上月球！现在，小小的飞越公司前来订购一枚小小的液体火箭，每段箭体重量不超过两吨，可以在空中灵活组装。而陈思柔负责对接的，正是过去的上司邱广宁！

老上级一反从前，夸奖起她的大胆。他告诉陈思柔，飞越公司正面临一个历史机遇。前几年，美国宇航局将低轨道发射转包给民间公司，准备腾出技术资源致力于深空探测。一旦转轨成功，NASA仍然能执世界宇航技术之牛耳。中国决策部门立刻启动跟随战略，允许国字号航天企业将一些不成熟的半截子技术，或者老旧设施转卖给民间公司。所以，航天六院与飞越公司的合作有了政策支持。

"不过，无论技术到人员，我都不能给你最好的。"

"可以，我们的要求也不高。"

几天后，陈思柔的团队和六院方面就设计细节沟通完毕，对方开始投入制造。离开西安回京路上，陈思柔忽然意识到为什么自己能坐在项目主任的位置上，石立新可不是只在技术方面有远见。

>> 十一、缰绳

一条临时轨道铺设在实验场上，模拟弹射装置架在轨道上。它是一组金属圈拼装的圆筒，约五六米高，可以在轨道上低速移动。圆筒中间竖着一枚十二米高的模拟火箭，十几名科研人员正围着这套设备忙碌着。

前几天，有好热闹的军迷远远地拍到这套设备，就发到网上，说是火箭军部队在研制新型导弹。其实，这里只是西南交通大学的实验场。

石立新远远地背着手，望着这群忙碌的人。不知其中哪位向上面举报，害他差点受牢狱之灾。

但是气过之后，他还只能找这家单位作供应商。要用电把几十吨重的火箭弹出去，常规供电方式需要强大的功率，不是飞艇上配得起的。西南交大的专家设计出一个新方式，用多台直线电机组成分布电源逐次供电。这样，靠飞艇上的电源也能完成操作。

这次对方态度很热情，人力物力也投入不少，石立新不知道神秘的高科技犯罪侦查局是否起了作用。现在每次联系新的供应商，他都悄悄打电话咨询杨真，看是否违规。对方没再找他的麻烦。搞民用航天，就得在政策钢丝上跳舞，石立新算是深有体会。

到了预定的实验时间，所有人员都退到安全距离之外。平台在轨道上缓缓移动，以便模拟临空冷发射平台的工作环境。真实的平台飘浮在空中，和潜艇类似，要在移动中发射火箭。

等平台速度达到每小时二十公里后，强大的电流通过高温超导线圈……

模拟火箭在平台上晃了晃，并没有弹射出去，而是向一侧倾倒下来。为了逼真地模拟实弹，火箭内部注入大量水浊液，连弹壳加起来有三十吨重。这枚庞大的重物砸穿超导线圈，重重地摔在场地上。"砰"地一声巨响，加上溅起的尘土，颇有几分爆炸的感觉。

如果事故发生在飞艇平台上，这枚火箭就会带着燃料，倒在核心作业区里！

设计师跑到石立新身边，无奈地摇摇头。"我们给潜艇驱动装置设计的分段电路，总共要十五台电机。您这个平台上才计划配八台，推力实在不够啊。"

有那么一阵，石立新恍惚间觉得自己仍然待在北京的设计部里，和一群孩子们搞电脑谈兵。出了什么问题，只要改改参数就行，最多是重新打印一个模型。现在他要重建设备，重新实验，并且再次找脸色难看的常非伸手要钱。

望着跑去现场检查实验设备的技术人员，石立新沉默半晌才开口："潜艇那么结实，当然能放十五台电机。我这飞艇上增加一公斤重量都得计较。麻烦你们再修改一下方案，我相信你们的技术力量，肯定行！"

这已经是第三次弹射实验，如果根本不能把火箭从平台上弹出去，其他一切无从谈起。好在飞越公司支付所有的实验费用，对方又开始准备下一次实验。

除了工作，生活仍然要继续。转眼到了端午节，公司照例放假。陈思柔路过董事长办公室，发现里面还亮着灯，门半掩着。陈思柔走过来一看，石立新在里面望着墙上的照片发呆。

"石总，大家都走了，您也给自己放个假吧？"

石立新笑笑，没说话。

"您也休息两天，看看家人。"

没想到这句话把阴云引到石立新的脸上，他不耐烦地摆摆手。"别提我家里人，那都是负能量！"

陈思柔这才意识到，石立新身边不仅没有女人，也没看哪个家人，他长期住在公司里面。再想想以前在微信群里看到他直播的日常生活，除了工作，就是到业务伙伴那里应酬，几乎没有私人交往。

这是一颗寂寞的灵魂！

不知不觉间，陈思柔成了公司里的管家，甚至开始管起"石头大哥"工作以外的事。这个老板三天两头熬夜，眼睛经常血红一片，总是一根接一根抽烟。"石总。你得把烟戒了。"陈思柔站在桌子对面，双手挂在桌面上，直视着他的眼睛。"中国三分之一男性死于和吸烟有关的疾病！您没看报道？"

"这我知道，但是，其他三分之二的男人最后也要死于和吸烟无关的疾病。"石立新嬉皮笑脸地回答道。

"您别找借口。"陈思柔从笔筒里拿出签字笔，抽出一张便签，把它们放在石立新面前。"您先写好遗嘱，然后随便抽。"

石立新佯装不解。"我老婆孩子都没有，给谁写遗嘱？"

"全世界只有你在研究临空冷发射，要是明天突然挂了，项目谁来负责？要是肺癌晚期，查出来到挂掉也就半年。这些问题你提前交代好，然后随便抽吧。"

不知不觉间，"您"已经被"你"字代替。石立新忽然不笑了，陈思柔也觉得话说有点过分。不过一小时后，石立新交给她一个记数器。"我抽了好多年，一下子戒不掉，这样吧，每两天少抽一根，两个月后差不多能戒了。"

"那好啊，可你给我这个做什么？"

"你监督我啊，我怕自己毅力不够。"

陈思柔把计数器放到一边。"我又不能24小时跟着你，怎么监督啊。"

石立新仿佛刚意识到这个困难，尴尬地把计数器收了回去。

有一天陈思柔问石立新，自己这么爱提意见，做老板的会不会烦？石立新认真地回答说。"如果在你这个年纪，天天有人这么教训我，肯定会烦。那时我觉得自己做什么都对，别人犯的错也不会落到我身上。现在不同了，我知道自己是个普通人，别人犯的错我也能犯。最可怕的是，我经常不知道自己错在哪里。所以，得有人时时提醒我。"

陈思柔也把类似的问题提给同事。"你们会不会讨厌我？一来就让老板给大家订出好多规矩。"

"陈姐，只有你能降住我们老大。"余温说道："他有时候过于天马行空，我们不好意思说，但你可以。"

"石头大叔需要有根缰绳拴一下。"糖糖说完还挤挤眼。"他一直无拘无束，但不知为什么，你说的话对他很管用。"

这天，在西南交大实验场地上，直径两米半，高十米的超导电磁弹射环再次竖起来，一枚实心模拟火箭围在中央。实验时间到了，平台在轨道上缓慢平移。石立新屏住呼吸，望着那个调整后变高、变瘦的圆筒。

无形电流贯通弹射环，"腾"地一声，三十吨重的模拟弹飞上二十多米空中，在一片欢呼声中坠落在旁边草地上。石立新终于过了这一关，但时间和费用比预期多出一倍。

专供飞艇配备的电磁弹射器完成了，石立新又把注意力转到火箭那里。航天六院接单后，新型火箭的制造进程也比预想的慢。后来，出身火箭专业的陈思柔干脆天天盯在那里，成了老上级邱广宁的尾巴。今天蹭一下实验设备，明天请几个老同事帮忙。陈思柔尽其所能，帮新老板在老东家那里揩油。看着她这么投入，邱广宁只是笑而不语。

几百公里外，第一个飞艇平台也遭遇难产。飞艇基地把其他活都停下，精兵强将全部调上来。无奈这个大环套小环的设计过于复杂，许多部件都得重新制造。

天气迅速变冷，如果在入冬前不能制造出平台，就只能等明年春天再进行实验。充气后的平台要在呼啸的北风里穿越对流层，不知道会发生什么。

今年内蒙下雪很早，大雪纷飞之际，飞艇的中央环才制造出来。坐在飞艇基地的玻璃窗后面，阳光洒在身上，感觉很舒适。但是望着外面被狂风卷起的积雪，石立新一点儿高兴不起来。"要不，风速一小咱们就试飞吧？"他向部下询问。

余温主持飞艇设计，强烈要求老板等到明年。不过，石立新显然有其他考虑，他干脆守在飞艇基地里。这天凌晨，大家被他从睡梦中叫起来。"风速低于每秒五米，快起来，马上试飞！"

平台穿越对流层大约需要五十分钟，只要这段时间里不出现湍流，它就能到达相对平稳的对流层。石立新要赌这五十分钟。

中央环拥有自主动力，飞艇基地派了经验丰富的驾驶员来试飞。听到石立新的要求，驾驶员担心起来。在风中操作一艘飞艇，石立新没体验过，他可有经验。更何况这艘飞艇并非他熟悉的流线形，操控性能并不好。

石立新答应额外给他一笔补贴，对方仍然摇头。"我和你一起上去！"石立新祭出最后一招。"这个项目我算总工程师。危险实验时我应该在第一线。"

工程界有个惯例，危险实验中，总工程师要待在最危险的地方。只有这样，其他人员才能有安全感。听到他这话，驾驶员不再反驳，招呼同事马上充气。

花了三个小时，能盖住一个足球场的中央环才充好气。阳光照耀下，银色艇身光芒耀眼，难以直视。风速已经扩大到每秒十米，石立新全然不顾，一屁股坐进驾驶室，盯着驾驶员解锁、升空。

银色的甜甜圈在欢呼声中缓缓升空。除了必须在控制室里值班的人，飞艇基地和飞越公司的员工都跑到空地上，戴起墨镜，拿出手机拍摄这一历史瞬间。这是"兴登堡"号焚毁后升空的最大飞艇，只是由于担心试飞不顺利，石立新才没敢邀请任何记者到场。

很快，中央环飞到几千米高空，失去了对比物，上升速度显得很慢。大家仰望高空，忽然，圆环开始往一面偏，接着打起了螺旋，无形的湍流还是抓住了它。人群中发出惊叫声，飞越公司员工都很年轻，不知所措，还是飞艇基地的人经验多一些，引导驾驶员启动姿控发动机，艰难地摆脱湍流。

经过这么一折腾，中央环的姿控发动机出了问题，平台被大风裹协，向南方疾飞而去。"石总，别管飞艇，你们必须跳伞！"基地指挥命令道。

石立新带着降落伞，他的观光气球也搭载过极限运动高手，从三万米高空一跃而下。然而他本人完全没跳过伞。曾经有几次，石立新花钱去玩跳伞，都被吓得缩回来。这些糗事他从未对别人讲。

最后，石立新无可奈何，被驾驶员系在背上，一起跳离驾驶室。高空风力更大，中央环完全失控，几小时后已经飘到山西境内，远远超过划定的实验区。为防止坠入居民区，飞艇中心只好通过遥控启动装置释放氦气，让中央环掉到吕梁山脉一片陡坡上。

回到北京总部，见到陈思柔，石立新第一句话就是看来我真得立个遗嘱。

>> 十二、在天空中绘画

花掉两周时间，飞越公司才把中央环的残体分割取回。即使日夜不停，下一个平台也要三个月后才能完成。至于宝贵的 BPO 材料更是损失了不少。那东西可以制造高档高尔夫球杆、极限运动服装等民用物品，托尼当初就以这些为借口，从美国给石立新弄到配额。现在，他们已经半公开地把它用到临空飞艇这种有潜在军事价值的项目上，托尼也不能再给他使劲了。

"国内就没有山寨货吗？"陈思柔觉得这个国家什么都能造。

"国内？这个真没有。"石立新摇摇头。"个别实验室造出过样品，总量嘛，够缝一面国旗吧。"

陈思柔不说话了，她再一次知道这个项目的艰难之处。

说起来，石立新能够在民营宇航事业里起家，还沾了这些禁令的光。国际上从事太空旅游的领头羊是美国维珍公司，他们能用专门制造的火箭飞机把游客送到一百公里高空，真正的太空边缘。业务开展后，大批中国富豪订了票。然而美方宣布本国早有禁令，不允许中国公民接近有特殊军事用途的设备。"维珍号"的发动机恰好在限令之内，这家公司只好放弃到手的肥肉。

在付过订金的中国客人眼里，这简直是故意羞辱。游客在舱里坐几个小时，怎么会接触到发动机的秘密？恰逢飞越公司的气球上天，这些受了委屈的中国富豪便转来追捧国货，一下子让飞越公司站稳脚跟。

这次，石立新不光知道老天爷的厉害，也知道了人的威力。他硬着头皮向常非伸手要钱，这个公司财务主任毫不客气，指出正是由于他随意指挥，才导致实验受挫。"请记住合同上规定的失败次数，我们会严格执行的。"

石立新不敢造次,只能组织员工稳扎稳打,配合飞艇中心制造新的中央环。

转眼到了中秋节,陈思柔给父母买了两张邮轮票,请他们去海外过二人世界。然后她找到石立新,想送给他一个有人陪伴的节日。"要不,我跟他们一样,改叫你'石头大哥'吧?"

"太好了,那我就应该叫你妹妹啦?"石立新的语气中带着暧昧。

陈思柔的长相虽不比明星,当年在工科院校也是校花一枚,追求者排成队,早就练熟了进退迎拒的功夫。"那可不行!我这样叫你,是因为他们都这么叫。你对我,以前怎么叫还怎么叫。"

石立新做了个失望的表情。"那好吧。中秋节想玩什么?"石立新不知道这个小自己十六岁的女孩喜欢什么,泡吧?买包?看电影?

陈思柔说了一个让他意想不到的去处。

于是,到了中秋,两人一早一起开着越野车驶离北京城区,直奔怀柔县的白河峡谷。那里有个极限运动项目,从峡谷一端用溜索滑到另一端。服务人员把两个人并排绑好,轻轻一推,几秒后他们就置身于湍急河水的正上方,越溜越疾,最快达到每小时五十公里。石立新和陈思柔大声叫着、喊着,有几分害怕,几分激动,也有几分刻意的情绪释放。这段时间他们都有些累,有些压抑。

在对岸草坪上落地后,两个人坐在地上,心脏怦怦跳动。虽然好半天才调匀呼吸,但心情却十分轻松。

这一趟出来,陈思柔做足了攻略。他们先后试了蹦极、垂降、溯溪,钻了岩洞。大部分项目石立新都不如陈思柔做得好。一来年纪有点大,二来,这些游戏更适合小巧灵活的身材。不过,看着陈思柔玩得开心,他也很高兴。

晚上,两人在农家乐里吃饭聊天,话题转到各自的婚姻上。以前在微信群里,石立新要么向大家请教如何泡妞,要么感慨自己这样大还没找到女朋友。陈思柔没来飞越公司前,只当他开玩笑,一个大老板还能没女人?到公司后才发现,石立新确实是单身。于是她估计,石总这么一把年纪,肯定离过婚。但这个推测也被否定了,石立新一直打光棍。

甚至,她没见过石头大哥带哪个女孩来过公司。有一阵陈思柔都怀疑,这个石总没准是同性恋。

现在,两个人终于面对面聊起这个话题。石立新坦承道,自己谈过多次恋爱。早年的不用提了,要么脾气不合,要么自己不会讨女孩喜欢。但最近几次不成功的原因却很简单,他接触的都是成年女性。既然真想讨老婆过日子,他就认真告诉对方,自己的一生要交给廉价航天事业,也许明年就成功,也许七老八十都一无所获。完成这个发明他有可能暴赚,如果失败,也可能破产。

这个男人的未来会有这么大变数,成了女方拒绝他的主要原因,她们更希望有个安稳的生活。一定要在老婆和飞天梦想之间做选择,石立新只好挑后者。毕竟他在这个事业上的付出,超过对任何一个女人的付出。

"那你干吗不事先选好?挑个志同道合的不就行了?"陈思柔听罢,顺口劝道。

"你觉得有可能吗?"

顿时,陈思柔觉得自己说得有点轻率。是啊,石头大哥如果能找得到这样的女人,何苦一直不"脱单"。

"那你为什么不结婚?你年纪也不小了?石立新调转火力。陈思柔也很坦率,承认自己就是眼光高,不愿嫁给普通男人,可一直没遇到不普通的男人,所以只好这样。

"你的要求真高啊,一个合适的都没遇到?"石立新感慨道。

"可能有一两个智力上还行,但颜值又偏低。"

"啊,你还挑长相?"

"当然。"陈思柔把下巴一抬。"结婚又不是我的任务,要一起生活几十年,为什么不挑个看着顺眼的?"

石头大哥本来想说点什么,听到这话咽了口吐沫。"那,你都奔三了,爸妈不催你?"

"他们?二老快四十岁才有了我,他们哪有资格催我。"

春暖花开之际,中央环终于成功试飞。又过了两个月,外环组装完毕。这天,石立新带着全体高管来到飞艇基地,迎接这个新关口。当他再一次准备飞行服时,陈思柔转到他面前。"石总,不能每次都是你亲自上去,这里这么多年轻人,以后我们去吧。"

"这是总工的特权。实验成功后,日常作业再让你们去吧。"

陈思柔无奈,只好退下来,和同事们站到院子里。周围的风速还不到每秒五米,像是用手在脸上轻抚。一批记者远远找好位置，用长枪短炮对准正在充气的中央环。雄伟的环形平台在世人面前缓缓升起，逐渐缩小，直到变成高空中的一枚指环。

肉眼已经无法看清平台的细节，大家回到控制室，通过大屏幕视频观察天空中发生的事情。中央环外侧伸出八只气囊，逐渐展开，氦气充实着它们的内部。空中充气过程用了几小时才完成，夕阳西下的时候，天空中绽放出一朵美丽的花瓣。直径四百米，最厚处二十五米高，历史上最大尺寸的人造物体落成在三万米高空。

这群勇士在天空绘出一幅巨画！陈思柔和同事们充满自豪。

三万米高空也有风，靠着螺旋桨姿态调节发动机，平台保持在飞艇基地周围十几公里之内，不离开大家的视野。夜幕降临，中央环和外围气囊下面亮起了灯，让平台看上去像是君临地球的外星飞碟。

第二天早上，完成各种测试的平台放掉氦气，缓缓降落。驾驶员从里面打开舱门，只见石立新脸色惨白，大口喘息着，周围到处都是他的呕吐物。

陈思柔心疼地把他搀扶下来。

>> 十三、最宝贵的东西

即使游玩，石立新脑子里还是没完全放下工作。在白河峡谷体验过溜索后，他便从公司里挑了几个身体条件好的员工，隔三岔五去体验溜索。后来，他干脆在飞艇基地里找了块地方，按照实际大小搭建了驾驶舱、对接舱、核心作业区等部件的模型。上面纵横交错布好悬索，让员工练习在不同位置间滑行。

根据设计，工作人员穿好增压服后，可以把自己系在索道上，在核心作业区范围内出舱作业。无论加固设备、维修，还是加入推进剂，都需要有人把自己置身于稀薄的空气里。全世界哪里都没有"超高空行走"的行业标准，或者训练程序，一切都要他们自己摸索着来。

平台试飞成功，就要派人上去进行装配了，石立新又不想让这些年轻人上去。"在那么高的地方出舱作业，宇宙射线比地面强得多。增压服也抵挡不了射线，有可能影响生育。所以，没结婚、没生孩子的就免了吧。"

公司里没几个人结过婚，而这些人又都在财务后勤，并没有技术人员。"石头大叔，您还是自己

上吗？"余温质疑道。

"我当然要上。"

"说得好像您生过孩子一样。"余温争辩道。

"我是不准备生了，可你们的日子还长。真因为这个生出怪胎，将来你们那一半还不得找我算账。"

陈思柔也不同意石立新的做法。"要完成高空作业，女生比男生更应该去。就拿你我说，至少相差二十公斤，光浮力气体就得多用两百立方。再说，平台上工作面很小，身材小巧才好干活。"

说的时候，陈思柔脑海里浮现出一个画面。在黑暗冷冰的三万米高空里，她和石头大哥并肩滑出舱门，脚踏万丈深渊。是的，三万米恰好一万丈，三座半珠峰被她踩在脚下。他们和在白河峡谷上空滑过时一样地欢叫着，满不在乎。

不过，这个浪漫的画面没法实现。无论陈思柔怎么争取，石头大哥就是不放她出舱作业。最后，石立新只把这个权力给了余温，再由飞艇中心派来技术人员组成总装队伍。

平时百依百顺，这次石立新没让步，陈思柔当面对他抱怨。"我刚来公司时，你随便就让我带客人上去，也没管影响不影响生育，现在怎么不行了？"

"现在的你比那时重要！"

这个答案说服不了陈思柔，石立新似乎也不准备给更多的解释。虽然不让上去，陈思柔还是抽空进行出舱训练，以备不时之需。石立新则用一个"发射指挥中心主任"的头衔把她锁在地面上。

繁忙的工作很快让他们不再争论。第一次对接实验如期举行，平台在预定高度顺利展开。余温带着一组技术人员守在平台上，操纵它左盘右转，看上去十分听话。在三万米高处，空气密度只有地面的四十分之一，但由于平台的比重也很小，风依然会推着平台到处跑。所以，平台上不同位置安装有六台螺旋桨姿态控制发动机，还预留了驾驶室。飞艇中心的一个驾驶员操纵着六台发动机，不断把它送回飞艇基地正上方。

然后，石立新坐进吊舱，用改装过的气球拽着飞上半空。这个气球的顶部有钩索和放气孔，当它卡在核心作业区后，平台将把它钩住，氦气通过放气孔回收到高压储气管里。气球没有动力，只能上升下降，余温那组人要驾驶平台靠过来。这活很考技术，两者在预定高度汇合时，平台核心作业区要

整好卡在气球顶部。

这不是在地球轨道上，大气让航空器的运动轨迹充满变数。两组人员紧张地盯着方位仪。平台近了，更近了……但是，气球升过预定高度，平台才笨拙地飞到它的下面。

每天一次，他们重复着对接实验，先后调节过充气量，改变起飞时间，石立新和余温还交换位置，由石立新操作平台过来对接。然而，核心作业区始终没有准确定位在气球上方。

"老大，先停停吧，咱们应该检查一下设备。"第六次失败后，看着精疲力竭的石立新，陈思柔心疼地提了个建议。本来，她是想让石立新休息几天。然而经过检查，原因却是小小的激光测距仪质量不佳，导致空中测量有误。

清除掉这颗绊脚石子后，实验又顺利地往下进行。这次，两座气囊山在天空中顺利交汇。回收了所有氦气后，平台将气球蒙皮吊起，把下面的吊舱升上核心作业区。石立新打开吊舱门，摆了个姿势。世上没人做过这种事。它不像太空行走，航天员凭借惯性可以飘浮在航天器旁边。他们要悬挂在各种索具上移动，一旦脱落就会坠落深渊。

还没顾上摆庆功宴，常非就发挥起紧箍咒的作用。他提醒石立新，由于多次失败，这一阶段的实验经费已经超过预算。

"你也看到了，大家都很努力……"

"光努力还不够吧？"

石立新没法给这个毕业于哈佛商学院的财务总监讲清技术细节，只好自己消化去这个压力。

然而，常非的预感出奇准确。接下来，石立新要带人在平台上接受各种设备，把它们搭建起来。单是这个作业就进行了两个月，最后还由于配重失衡，导致中央环破裂，不得不回收维修。

这天上午，石立新把陈思柔叫到自己办公室。她以为有什么重要的事，却是老板夜里做了个梦，要和她分享。

"十年前，我接到中国民间太空商业发展前景研讨会的邀请。从那起，我这个倒卖建筑机械起家的小商人，算是进入民营航天舞台。十来年我反复做同一个梦，就是我又接到那份邀请，还要坐在下面听航天专家讲话。但我同时还有后面几年的记忆。我觉得自己不应该坐在下面，应该在台上当嘉宾。"

"这是个励志的梦吧？您已经在不少会议上当过嘉宾了。"

"不，这个梦是在提醒我，这些年我还在原地打转！每次受到挫折，我都会做这个梦，包括昨天夜里。"石立新的脸色很不好看。这种丧气的话，全公司他只能和陈思柔说一说。

"可是，你能搞出太空边缘旅游，已经算成功人士了。"

"在外行眼里我勉强算成功。"石立新一点也不轻松。"用气球把人吊上三四万米，美国人半世纪前就能做。我要的是真正的成功！是一次空前的技术突破！"

"我觉得您已经走过来一多半路。"陈思柔没有恭维，她在说自己眼里的石头大哥。"瓦特或者爱迪生，他们成功前是什么状态，我们都不清楚，可能你就在这个状态里。再撑一下，可能没有多久了。"

挫折把飞越公司过于年轻的缺点展现出来，一次次精心准备的实验以失败告终，大家开始不淡定了。他们怀疑用充气平台发射航空器，是否终归纸上谈兵？要么，临近空间的环境根本不允许。要么，人类还没凑齐足够的技术突破。

不行，要给孩子们打打气！这天，石立新把骨干员工叫到会议室。投影仪上以幻灯形式放映着一系列卫星照片，石立新用激光棒在上面指点着。

"这是汶川大地震当时灾区的卫星图片，但不是我们拍的，是中国请美国人提供的。当时灾区摔掉一架救灾直升机，几万人去搜山，好几天都找不到。理想情况下，出现这么大灾难，国家应该迅速组装一颗专用卫星打上天去，监控灾区情况。从制造到入轨，时间不能超过一周。但是，即便预先把专用卫星造好，贮存起来，光在地面上等发射窗口，就不知道要多少天。"

然后，屏幕上又出现了他们的临空发射平台。从地面上以蓝天为背景去拍摄，它还是非常雄伟的。"如果我们成功了，以后发射专用卫星就会像火箭军打导弹那么快。地震专用监测卫星、台风专用监测卫星，想什么时候打，就什么时候发，我们会帮助全人类挽救很多生命。"

一直听石立新讲廉价发射技术的愿景，这是陈思柔听得最感动的一次。她环顾四周，从别人脸上也看到了温度。离开会场后，这个年轻团队又充满了力量。

不过，陈思柔觉得最需要打气的还不是员工

们。散会后，她来到石立新身边，悄声说道："我觉得你该休息两天。这么撑下去，工作效率会越来越低。"

陈思柔一边说，一边盯着石立新的眼睛，那眼神仿佛在补充：相信我，照我说的办！旁边，童刚想过来汇报些什么，看到他们两个人挨得这么近，知趣地走开了。

"我倒不否认休息的重要性，不过我去哪休息呢？没事做，闲起来我很难受。"石立新没注意走过来的童刚。

"咱们去商场，给你买衣服！"

石立新还以为自己听错了，眼睛不由自主瞪得大大的。陈思柔说出她的理由。"你一个董事长，多少算公众人物，穿成这样怎么行？衣服不是名牌就好，要合身，颜色要搭配。"

"唉，我先天条件不行，穿什么衣服都那个样。"

石立新不拘小节，平日里一身休闲服，经常穿得鼓鼓囊囊。需要出席会议，就从衣柜里拿一套名牌出来。钱没少花，但颜色、款式和他的外貌很不搭配。

"这话说错了，人长得不帅，更需要衣服来抬颜色。"

西谚有云：仆人眼里无伟人。天天和石立新相处，陈思柔早就不像当初那样崇拜他，反而更觉得老板缺乏关心，无人照料。他一个人拖着拽着，把这项事业推进到今天这个地步。这份担子过于沉重，自己要帮他分担。

像95%的男人那样，石立新讨厌在服装店里试来试去。但这次他很听陈思柔的话，破例跟她逛了两个小时服装店。试衣镜里面的自己终于有点老板的气场。"太棒了，我任命你为我的着装顾问……不开玩笑，有补贴的。"

"算了吧，你要累死我啊。我都背着三个主任了。"

对接问题终于解决，石立新和飞艇中心的技术专家轮番上阵，在平台上铺设管道、总装台和电磁弹射器。接下来，飞越公司要把模拟火箭吊上平台，固定在那里。单这一个程序，又耗去一个多月，上上下下数不清多少次。最后勉强把模拟火箭挂上去了，却因为配重失衡，火箭撕裂了平台上的部分气囊，坠落沙漠。

大自然一点没客气，又进入白雪纷飞的严冬，他们不得不关门闭户，等待春天的到来。

终于，在黑蓝色的天空里，三吨重的模拟火箭成功地在中央控制区竖起来。傍晚庆功宴开始后，服务员忽然用小车推上一个大蛋糕，直接送到陈思柔面前，糖糖带着大家唱起生日快乐歌，她这才意识到，进入飞越公司后，自己已经过了两个生日。

"思柔姐姐，给大家说两句吧。"糖糖把她推到众人围起的圈子里。

"真不好意思，我自己都没记得生日。一晃过了而立之年，和大家相处也有两年了。大漠、蓝天、飞艇，还有你们，占据了我的全部心思。我想说……我想说……"陈思柔寻找着石立新，终于在人群外圈找到了他那双热情的眼睛。

"人生最难得的是拥有值得奋斗一生的事业，不用在迷茫和彷徨中浪费太多时间。感谢石头大哥，他让我在三十岁前就拥有了这个最珍贵的东西。"

>> 十四、敌人不是人

下一步，飞越公司要把真正的火箭送上来总装。在这之前，他们还要先把火箭燃料运上平台，输入储备管。结果，因为燃料储备管阀门材料强度不够，储备管在极低的外界气压下爆裂、燃料大量泄漏。

在只有地面几十分之一的气压下，煤油迅速挥发成雾，液氧变成氧气，两者混和成一条云雾带。驾驶员顾不上其他，马上操纵平台放气下降。

不知道是平台上的构件互相摩擦，还是姿控发动机的螺旋桨打出电火花，点燃了那片燃料云。地面上，人们通过肉眼就能看到高空出现一片火云。它的一端追逐着平台，像是一条紧盯猎物的火龙！

好在平台已经降到主要火场下面几百米处，并且边下降边平移，燃料也已经彻底放空，这才躲过彻底焚毁的惨剧。事后检查，一段燃料储备管和两个外环气囊被损坏。平台很快降落到地面，回厂检修。

离艇毁人亡的惨祸只有几十秒钟，这给年轻团队里造成了很大压力，石立新也不例外。他再次要通高科技犯罪侦查局的杨真，向后者咨询一个法律问题：如果实验中出现重大人员伤亡，项目方应该负什么样的法律责任？

"比如说，当年诺贝尔做炸药实验，曾经导致伤亡。放到今天他会不会被判刑？他的实验会不会被法律强行中止？"

杨真在那边沉默了片刻，不知道是在思考，还是在检索法律条文。当她再开口时，并没有给出明确答案。"很抱歉，这方面还是法律空白。危害公共安全罪？渎职罪？似乎都用不上。您为什么提这个问题？"

石立新把面临的困境讲了一番。随着实验一步步深入，在高空发射火箭的危险性逐渐显露出来。他最担心的不是出了事自己要坐牢，而是这个项目被强行停止。

杨真对他的处境表示理解。人类的科学事业要踩着许多尸骨才走到今天，这里面究竟有哪些法律问题？到现在科技法学界还在争论。"我只能表达个人意见，科学研究的意义毕竟不能大过人命，遇到危险，还是优先考虑人命吧！"

接下来，石立新找到陈思柔，尴尬地说，自己那些心灵鸡汤卖得差不多了，他不知道怎么才能再鼓舞士气。

陈思柔把自己关在门里，半小时后想出了一个办法。这天，公司全体放假，先是集中飞到额济纳旗政府所在地达来呼布镇，然后分乘大巴，驶向郊外。车子驶过一片美丽的胡杨林，当年张艺谋曾经带着张曼玉和章子怡，以它为外景，拍摄出《英雄》里著名的胡杨林之战。员工们拿出手机，纷纷隔窗拍照。

但车子并没停，今天他们要去另外的地方。

又往西南方向开了一会儿，一片形状怪异，甚至狰狞的树木出现在眼前。它们是死去的胡杨，枝干弯曲，看上去像是一群面临倒毙的人在挣扎。

由于额济纳河上游用水过度，几平方公里的胡杨林因为缺水，大量死亡。胡杨木耐腐蚀，号称死后一千年不倒，所以就形成了这么大一片树林坟场。

陈思柔带着大家下了车，站在这片胡杨林的尸体前。她告诉同事们，这只是二十年前发生的事。甚至，他们所在的这个额济纳旗，虽然总面积超过浙江省，每年也有三百多平方公里土地变成沙漠。如果这个速度不变，三百年后，全旗都将成为不毛之地。

或许，全人类距离灭顶之灾远没有想象得那么远。

"大家都知道，我在'太空城一号'里待过。那个人造生态圈实验，第一期坚持了135天，第二天延长到177天，我参加第三期实验，持续了245天。但是，后来的第四期只提高到266天，昨天我接到以前同事们的消息，第五期实验已经完成，只坚持到274天。在那个人造小环境里面，从内部为生态圈做自我调节，已经到了极限。"

死亡的气息从枯树中散发出来，飘浮在他们周围。

"眼前这里就是地球未来的缩影，从刚才那个美轮美奂的胡杨林到这里，从大片生命到大片的死亡，只有几步之遥。但是，如果大部分人类都移居太空，地球生态圈就能恢复它本来的样子。这个理想可能太远、太大，但总得有个开始。咱们大家聚在飞越公司里，就是在写人类历史的这一页！"

话音落下，石立新第一个鼓起掌来。虽然这是他安排的活动，但是看到周围地狱般的景色，听到陈思柔震聋发聩地陈述，他自己也被感动了。

但是在其他地方，石立新必须独自承担压力。"这是你们第十九次失败，比预期数字多了三分之二！"常非的眼睛里不揉沙子。

"是的是的，不过，爱迪生失败了几千次，人类才能点上电灯。"

石立新又祭起三寸不烂之舌，但这些大道理迷惑不了常非。"我们没给爱迪生投资，你的实验失败次数，已经在同业平均水平线之上，这我们事先调研过。"

"不会吧，难道世界上还有人在做飞艇空中对接？"

石立新装着糊涂，但是这也骗不过常非。身为财务公司的投资专家，他的本领就是从一本项目策划书里迅速把握各专业的要点。石立新在计划书里写明，由于计算机辅助设计和3D打印技术的成熟，工程界用实物去检验设计方案的环节大为压缩，电脑帮人们省钱、省时间。可是，常非看到的并不是这样。

"没关系，下一次成功希望在50%以上。我们离隧道口的阳光只有一步。"石立新曾经多年当推销员，养成了夸张的语气。"王总以前主要投资IT业，那都是所谓的高科技，雇一群码农，靠人海战术就能干出来。我这是真正的高科技。将来对人类的贡献不次于电灯。你得知道，冷战过后，人类基础科研就没多大进步。美国人登月时我还没生下来，现在我头发都白了，人类回月球了吗？没有，基础科研早就停滞了。正因为我在做真正的创新，想山寨也没处找原型，失败次数才这么多。"

常非完全听得懂他的话，但这不意味着能够同情他。"如果真是这样，我认为你当初就在故意误导王总！你在项目说明书里写过，临空冷发射使用的都是各领域的成熟技术，甚至有大量过时的旧技术，你只需要把它们整合一下。王总就是看了这个说明才下决心投资。"

石立新不说话了。是的，他在报告书里故意写得不清不楚。这个技术体系里有一部分确实沿用旧技术，但更多环节要从零开始。总之，他随时可以起跑，却不能保证跑到终点。

"石先生，我认为你在钓鱼，骗王总把钱投进去。为了完成它，我们就得不停地追加经费，你早就知道这个结果吧？"常非质疑起来毫不客气。

"这些技术问题，你们当时不也咨询过独立专家？"石立新反驳道。

王川确实咨询过，独立专家的回答是，这种全新设计也许下一次实验就能成功，也许再做一百次都成不了，谁知道呢？

最后还是王川自己想赌一把。

"其实，你们只要稍微懂点技术就会知道，每次失败，我们都成功更近了。就像在狭窄的山洞里爬，我已经发现，前面的路越来越宽，空气越来越新鲜，洞口就是比预期的远一点又有什么？"

常非不懂技术，看不出洞口有多远。他坚持石立新按合同上的要求领取以后的款项。两人不欢而散，石立新急得在屋子里团团转。他想把敌人抓出来打一顿。但常非不是敌人，王川更不是。没有他们的钱，这一切都还停留在电脑硬盘上。

不，敌人根本不是人，敌人是看不见、摸不到的自然规律，甚至，将来它们都是他的恩人。只是，他还没搞清它们的真面目，还没能驾驭它们。

争不过常非，石立新决定和王川亲自谈谈。虽然投过来几个亿，但这样规模的项目王川手里还有十几个，他不会把时间都耗在这里。这次，石立新主动登门拜访。还没等他说什么，王川就给他讲了两个秘密。第一，中国空军正在研究用轰炸机发射卫星的技术。如果成功，至少会截流一半发射量。第二，美国平流层发射系统公司那个飞机打火箭的项目，王川也有大量投资。

"除了你们这两个技术方案，我还对其他的廉价发射方案有兴趣。太空商业时代马上就来，新的比尔·盖茨即将出现，我不会失去这个机会。不管

哪个方案成功，我的收益都能抵消另一半失败造成的损失。但你不同，所以，你应该知道怎么做了。"

施加完压力后，王川还是网开一面，允许石立新在火箭试射上的失败次数再增加一次！两次以后，石立新必须把一枚实弹射入太空。

>> 十五、先驱与先烈

这段技术上停滞不前的时间里，石立新也不是没有收获，他和航天五院的协议在快速推进中。五院又称空间技术研究院，是设计卫星和飞船的专业机构。神舟、嫦娥、天宫，都是他们的闪亮名片。

除了这些高大上的航天器外，五院还有一个团队设计出模块化微型卫星。客户可以像去电脑城买非拼装机一样，选择自己需要的功能模块，制造厂将它们拼拼插插，做做测试，两天就能组装成卫星。理想情况下，他们一年可以组装出四百颗卫星！每颗单价只有几百万人民币。

然而，用什么把它们发射升空却成为瓶颈。卫星与发射费用通常是几比一，花几千万弄一枚火箭，去发射只值几百万的卫星，客户无法接受这一点。如果临空发射平台研制成功，问题就迎刃而解。所以，五院和飞越公司签署了战略意向合同。王川曾经担心的发射量不足的问题，已经看到了解决的希望。

自从进入公司，童刚很少单独找过陈思柔。后来，陈思柔不在他手下当什么接待主任，两个人更是没有了交集。这天，童刚直接找到陈思柔，告诉她，自己并不支持石立新搞临空冷发射实验。太空边缘旅游是一门好生意，为什么不把它做大做强呢？童刚只想成为一家新兴旅游公司的股东，但石立新现在拿钱去实现自己的梦。他可以，高管和员工却未必要赔上青春。

但是，他知道老总这个梦想揣了几十年，不是哪个人随便就能拉回来。童刚开始希望石立新碰几次壁，然后就能回头。现在看来，石立新可谓百折不挠。陈思柔这一加盟，更成了石立新的精神支柱，每次受挫都会给他打气，反而让老板越陷越深。童刚决定提醒陈思柔，为让石立新将来避免破产，别再和他一起做什么太空梦。

陈思柔不知道这就是他和自己谈话的原因，还是童刚因为地位失落产生了嫉妒。不管怎么样，她想不出答应对方的理由。要不是为了这个梦想，我来这里做什么？待在航天集团吃皇粮岂不是更好。

陈思柔找到石立新，表达了自己的忧虑。"我觉得童总对我有看法。"

石立新劝慰道，童刚和自己共创飞越公司，虽然是小股东，当年没少出力。他对现在这个研究不热心，也无可厚非。公司里这样的老臣并不少。"以前总是我拖着大家前进，自己其实很累，需要有人经常推着我，给我打气。现在你来了，咱们互相鼓励，彼此推动，这个只有你能办到。"

"难道你还有打退堂鼓的时候？"

"压力山大啊！"石立新一向嘻嘻哈哈，从来没这么郑重过，或者是在陈思柔面前从未这么郑重过。"我为临空冷发射技术投入了很多、很多，但关键不是投入多少，而是我最后能不能成功。如果成功了，这些付出只不过是成本，我就是先驱。如果不成功，我的付出就是牺牲，就是浪费，我就是先烈。你知道张树新吗？"

石立新突然提到一个陌生的名字。陈思柔的脑子从亲朋好友名单里转了一圈，没找到答案。

"高春晖、朱海军，这些人你知道吗？"

陈思柔又摇摇头，她只能确定这些人和航天领域没关系。

"想当年，中国只有两百万网民的时候，这些人都是网界名流。里面有接入商，有站长，有网络著名写手。现在，网民超过五个亿了，谁还知道他们？"

陈思柔开始理解起石立新的担忧。种种迹象表明，人类历史已经大踏步走到太空商业时代前夜，但它还没指明谁来出任这个时代的形象大使。

"唉，有时候我在想。如果这些年我不把精力放到廉价发射事业上面，去搞房地产、做电商，哪怕就是继续干我的老本行，倒卖工程机械，我也比现在富得多。以前我总对自己说，没关系，这些都是成本，只是成本，回报会大得不可想象。但现在，我怕我是自己在骗自己。"

以陈思柔的阅历，还不能体验这些苦闷。她只好拉着石立新的手，把自己当成水池，让他倾倒内心的苦水。直到石立新再说不出什么，她才尝试着安慰对方。

"反正我觉得，这些难关早晚会挺过去。现在我们读历史，看以前那些英雄伟人多么辉煌，谁知道他们当年糗成什么样呢？"

石立新向她挑起大拇指。"你这话我爱听，你已经把我和他们划在一起了。"

"石头大哥，你说过，事业不成，没心思结婚。真能飞越卡门线，你也就有这个心思了吧？"

话一出口，陈思柔就后悔了，哪根筋不对头？让自己的舌头送出了这句话。石立新没看出她的小心思，直接点了点头。"是啊，真到那天，我就什么包袱都放下了。对了，忙过那一天，你也该找对象结婚了吧？"

"会的！"

他们都没追问，成功那天来到后，对方是要和谁结婚，似乎这个问题不言自明。

>> 十六、不过是筹码？

在屡试屡败的压力下，团队士气并没有稳定住。一次午餐后，糖糖坐到陈思柔身边，悄悄地说，她想辞职了。这让陈思柔吓了一跳，糖糖在公司的资历比她都长，怎么到现在却想走了？

糖糖告诉她，自己对冷发射平台已经没有信心了。"我学的是计算机辅助设计，这种技术虽然高效，但输入的数据必须准确才行。现在我才知道，临近空间的好多原始资料都是错误的。我们得不停用新数据更换旧数据。所以，也许我们开始就走进了死胡同。"

陈思柔很难从专业角度劝导她，只好换了个方向。"你可要想好，这不单是为了理想，飞越公司将来要上市，你也有很多股权激励啊。"

为了拴住这些骨干，石立新给了他们很多原始股份认购权。一旦公司进入上市程序，他们就可以行使。想到三十岁前有可能成为亿万富翁，糖糖暂时收回了辞职的想法。

石立新创办飞越公司时，因为本小名微，招不来什么大人物，童刚成了他的膀臂。为了回报童刚的忠诚，石立新一直给他开着全公司最高工资，授予"副理事长"之类的荣誉头衔。但他只能管理太空边缘旅游，和年营业额预计几百亿的新项目相比，那已经是个小不点了。

这天，石立新召开会议，宣布陈思柔担任执行总监，负责实验项目的日常事务。晚上，陈思柔就接到童刚的邀请。她来到咖啡厅，找到童刚。几小时前他们还都在公司里，什么事情不能在当时讲？

童刚先祝贺她升任总监，并宣布自己已经辞职，这让陈思柔很惊讶。"我不认为这个实验能在把几个亿烧完前成功，石立新只有破产一条道。"

然后，童刚告诉她一个秘密，当初石立新把她请来，只是为了满足王川开列的许多引资条件中的一条。院士、高工他们请不起，人家不肯放下金饭碗。石立新只好寻找一些体制内的年轻骨干。当初的猎头名单还是他和石立新一起确定的，陈思柔只是第五或者第六号人选。

"你告诉我这些做什么？"

"你自己的事情，多知道一些没坏处。石立新真正想的就是股票上市，成为中国首富、世界首富。他和你们谈理想，是因为你们年轻，愿意听这些。而且石总特意吩咐，不能把这个秘密告诉你们。他怕你们知道自己是引资条件，会在福利待遇上乱开价。现在我已经辞职，不在乎啦。"

"你究竟为什么辞职？石立新还是有很大可能成功的！"

"我没有你的性别优势！应该知难而退！"

过了两秒钟，陈思柔才弄懂他在说什么。她把杯中的冷水泼到童刚脸上，扭头离开。童刚也没有什么深谋远虑，只是想临走前恶心他们一下。

陈思柔冲出咖啡馆……

她在人行道上跑着……

她的脚步慢慢缓下来……

陈思柔坐在路边长椅上，双手托着腮，人行道上的地砖在视野里模糊起来。莫非，石立新对自己的所有表示都是逢场作戏，只是为了把她稳在公司里？

这真很难说，石头大哥也许只是表面上单纯。是的，当他提到航天理想时，他说的都是老生常谈，只有提到上市、股权、财富梦想，他眼睛里的光芒才最亮。

莫非，他也只是一个纯粹的商人？

陈思柔把这个疑问埋在心里。

不久，一个惊天新闻在媒体上炸开，王川决定投资电磁炮发射技术。他的团队已经到了墨西哥，在该国北部西马德雷山脉选定一座山峰，计划将山脊削直，在上面铺设电磁发射轨，长度将超过三千米，炮口高度会在海拔两千米之上。

虽然基建成本很大，可一旦建成，就会成为最便宜的发射方案。一按电钮，就可以把 300 公斤重的弹丸以每秒 8.43 公里速度射出大气层。墨西哥政府将为这个项目建设配套电站和专用公路，以便让该地成为"全球第一个名符其实的太空港"。随便哪个内河港口，一年都能吞吐几千上万吨货物。相比之下，什么肯尼迪航天中心、拜科努尔发射场、东风航天城，都配不上"港"这个字眼。但这座山将完全不同！

石立新再次把自己关在屋子里，陈思柔担心了半个小时，还是决定把门推开。烟雾如预料的那样弥漫在空气中，陈思柔强忍着咳嗽，安慰道："石头大哥，我看了他们那个项目介绍。他们要发射六米长，零点二米直径的钨弹壳，有效负载都得塞在里面。这么点直径只能塞一些补给物资，任何卫星或者仪器都不进去。放心，他们就是建成，对咱们也构不成竞争。何况那还要好几年，肯定落在我们后面。"

石立新摇摇头。那个方案他早就知道，一旦成功，每天至少能把两吨物资打上去。他的宝贝气球完全无法匹敌，不，全世界所有发射能力加起来都不是对手。发射补给物资？其实这也是他的市场目标。石立新在赌没人真会把这个改天换地般的方案付诸实施。现在看来，墨西哥政府和王川都愿意赌上一赌。

特别是王川，他的钱就像许多只脚，同时能踩许多条船，但石立新不行，他只有临空冷发射平台这一条登天之路。

>> 十七、祭坛上有两百人

这是第一枚走到发射程序门前的火箭，比它的六个兄长都幸运。这也是合同上的最后一枚火箭。石立新本想亲自上去总装，但他患了感冒，输了两天的液，陈思柔坚决把他按在地面上。

一切似乎很顺利，火箭分段吊上去，在核心作业区成功组装。又过了两个小时，燃料加注完毕。天上地下，所有工作人员都屏气宁神，听着倒计时在耳边回响。

发射指令停止了，什么都没发生，火箭卡在平台上。

"怎么回事！"尽管陈思柔是现场指挥，但石立新情急之下，毫无顾忌就越过她向平台上发问。余温和飞艇中心的技术人员守在那里，他们在驾驶室里观看各种仪表，分析不出哪里出了问题。

"出舱检查！"石立新命令道。

那是一枚三十吨重的炸弹，放置于仅仅四百米直径的平台上，余温他们离这颗炸弹只有几十米远。"石总，人员必须马上撤离，然后把它引爆。"陈思柔身为发射指挥中心主任，说出了此时最稳妥的备选方案。

在人类所有宇航事业牺牲者中，有一多半死于1960年10月24日拜科努尔大爆炸。当时，一枚P-16洲际导弹点火失败，苏联战略火箭军元帅涅杰林不等排空燃料，就让技术人员登上箭体检查。结果，火箭第二级突然点火，引发大爆炸。包括犯了错误的指挥官本人在内，一百余人化为灰烬。

从那以后，出现类似情况都必须严格排空燃料再检查。石立新仿佛也清醒了一些。"你们必须把火箭送回来。先把燃料排回储备箱，火箭箭体只有三吨，用自备的降落伞可以把它送回来。"

将火箭分成两截运往平台时，每截都安装了降落伞，承载力和神舟号飞船的降落伞一样大。一旦气球出了问题，可以安全回收火箭。然而现在情况完全不同，火箭已经脱离气球，由平台来支撑，并且完成了总装。

陈思柔立刻反驳道："不行啊石总，平台设计成现在这个形状，是为了平衡火箭向上弹出时的反作用力。如果让火箭向下坠落，平台中部会向上突然抬升，以现在这种结构，出现什么情况完全不可预料。"

"以后？这是最后一枚实验弹，我们没有以后了！"石立新拍着桌子，震得空气像要燃烧起来。

"石总，资金咱们可以和王总再谈，但危险就是危险。"

石立新说不过她，干脆站起来，大步走向门口。陈思柔知道他要做什么，马上挡住去路，却被他一把推开。

当着所有人的面，陈思柔摔倒在文件柜旁边。活了三十多岁，没人这么粗暴地对待过自己。而且，石立新完全没有停下来，更不用说把她扶起来，并且道歉。

除了临空冷发射，再没有任何人、任何事，能在他的心里挤占一点地方。是的，自己只是他的棋子、筹码。童刚的话一遍遍在耳边回响：你能进入飞越公司，只是因为性价比最好。

几个老部下跟着石立新跑出去，糖糖走过来扶起陈思柔。"大姐，我知道你是为石头大叔好，不过……"

"让他自己去！他以为哪里都是小作坊，想怎么胡来就怎么来。他会有教训的！"

陈思柔转身想走出去，终于还是意识到什么，拥抱了一下糖糖。"你多保重。"

"陈姐，你这是什么意思？"

"我不会再待下去了！"

陈思柔是什么脾气？哪里容得下这样的侮辱。即便石立新回来道歉，也不一定能劝得动她。陈思柔跑回宿舍，迅速收拾好自己的东西，来到停车场。其他人都守在发射中心，或者跟着石立新去发射场，没人阻拦她。

车子在草原公路上狂奔，陈思柔狠狠地踩着油门，只有这样才能发泄自己的郁闷。后视镜里，一个银色气球摇晃升上半空。他真去了？他的身体吃得住吗？谁在和他一起去？做了什么安全防护？

不，我凭什么还要管他？那家伙只是在利用我！陈思柔让眼睛直视正前方，生怕自己后悔。无奈车子虽然越开越远，气球也越升越高，一直在后视镜里招唤她。

那里有她两年的心血，十几年的梦想。在设计室里和同事们苦战，到处和供应商争吵，一次次失败和成功。甚至，她想起在飞艇基地外面，站在戈壁上和大家一起飙歌的情形。

最后，那八个月"太空城一号"的经历再次浮现。还有那个箍紧地球的透明罩子，那句"人人飞越卡门线"的标语。

这是我的理想。

这是全人类的希望。

这不是他一个人的事！

陈思柔猛打方向盘，车子差点漂移出去，好在公路上没有其他车辆。当她返回指挥中心时，气球已经在高空缩成苹果般大小。陈思柔跑进指挥大厅，几十号人挤在里面束手无策。这里毕竟不是东风航天城，规章制度并不严格。出现紧急情况，找不到可以执行的应急程序。看到她进来，人们仿佛见到了主心骨，纷纷让路。

陈思柔来到控制台前，抓起对讲机……

陈思柔把涌到嘴边的话强咽回去，在地面上都没拦住石立新，更不可能把他从天上劝回来。想到这里，陈思柔转身问大家，现在是什么情况？糖糖告诉她，余温在平台上已经成功地把燃料放回储备管。现在，石立新刚刚登上平台，余温他们进入气球准备返回。

"石总说，大家都年轻，这种事他亲自上。"

只有他自己，没人和石立新一起去冒险？陈思柔看看靠近她的几张脸，那几个人都把头低下去。是啊，珍惜生命没什么错。陈思柔无法指责大家，她自己刚才就差点做逃兵。那么，如果她留下来？

会不会和石立新一起去？

陈思柔思考成熟，再次打开对讲机。"石头，你在吗？"

"你回来了？"石立新的语气里带着惊喜。

"抱歉，我不应该走。刚才我想过，你不要马上释放火箭，你先让平台横移，一边移动，一边把燃料放空。记得要先放出煤油，那个高度上几乎没有氧气，煤油即使遇到摩擦放电也不会燃烧。放空燃油后，飞上一段距离再放液氧。把它们都放空后，你再飞一会儿，到安全距离外再释放火箭。"

人一旦冷静下来，办法也就在脑子里蹦出来。无论是周围的人，还是对讲机那边的石立新都长出了一口气。刚才情况紧急，他们的思路都被封得死死的，陈思柔确实提供了一个最安全的方案。石立新马上开始操作，没人可以指挥他，只有在石立新询问资料时，指挥中心这边这才有人回复一两句。

排空燃料后，石立新挂在套索上溜出舱去，重新安置火箭的降落伞。陈思柔看着仪器上石立新的生理指标，忽然察觉出异样。"石头，你的氮氧指标不对头，出舱前你做了吸氧排氮没有？"

"我做了，可能时间不够吧……"

在三万米高空出舱，外界环境接近真空，增压服里面的气压也只有地面的百分之二十九。时间长了，人体里的氮气会排出，造成各种生理反应。所以在出舱前，人员要先吸氧，把身体里的氮气尽量排出。石立新着急出舱完成操作，吸氧排氮的时间不够长。

这时，余温那组操作人员已经降落下来。看到陈思柔，余温涨红着脸，"抱歉……"

"立刻检查气球，准备再次启动。我要上去！你带人开上车，跟在平台下面，准备回收火箭。"现在，陈思柔是这里的最高权威，她不用再听石立新的指挥。

十分钟后，陈思柔坐在吊舱中离地而去。"石头，没做够吸氧排氮，你很容易疲劳。你先回舱，向我靠拢，等我上来咱们一起操作。"

"我还行，让我慢慢来。"

高天之上，石立新悬在核心作业区里，把降落伞从原来的位置拆下来，再固定到火箭的整流罩上。这是一个规范之外的操作，要花很长时间。当石立新终于把它完成后，陈思柔已经升到两万米高空。石立新已经筋疲力尽，几乎是爬着回到驾驶室，操纵平台向气球升起的方向飞过来。

23000米，24000米，天空完全黑下来，陈思柔打了个冷战。以前她都是和游客一起升空，大家在小小的舱室里有说有笑，冲淡了恐惧。现在独自一人置身苍穹，周围被亮得伸手可触的星星包围，五脏六腑都泡在恐惧里。好一阵，陈思柔说不出话，也做不出动作。过一会儿，自己真敢出舱，和石头大哥并肩作业吗？

"陈思柔，你那里的高度？"石立新把她从恐惧中唤醒。是的，石立新独自待在危险的包围里，他难道不是更孤单？她要去和他分担这一切！

在平台上的驾驶室里按动按钮，箭体上的锁扣陆续分离，火箭就会自动坠落，下降到一定高度后开伞回收。问题是，他们不知道这样对平台会有什么冲击，设计平台形状时没有预备发生这样的事。如果锁扣分离的顺序和时间不正确，都会给平台带来强大的反作用力。陈思柔要上去，也是为了防备有什么特殊情况，石立新一个人解决不了。

陈思柔核对了高度表，石立新告诉她，平台移动越来越慢。"姿控发动机燃料不够，快熄火了，我可能没法赶到交汇点。"

陈思柔乘坐的气球没有动力，只能依靠浮力一个劲往上升，必须等平台飞过来对接。现在，他们很可能无法碰头。"思柔，你得下去了，放气下降。"

"不，你再努把力，就快对接了。"平台在陈思柔的视野里已经很庞大，能够对接，一定能够。

三分钟后，气球又上升了一千米，平台却几乎原地不动。"思柔，燃料已经空了，你必须下降！"

陈思柔也冷静下来。两个完全没有动力的飞行器，被几千米的距离生生分开，她再着急也没用。"石头，你什么也别做，马上跳伞吧。"

虽然只是被别人带着从低空跳过一次，但如果闭上眼睛硬生生跳下来，石立新仍然能够回到地面。然而，对讲机里半天没有声音，陈思柔忽然意识到什么。"石头，别乱来，离开平台！"

话音刚落，白色火箭就从核心作业区坠落下来。平台则像一只巨型水母，中央环猛地弹向上方。瞬间失去三吨负载，打破了平台的配重平衡。

"石头，你在吗？你有没有事？"陈思柔凄厉地叫喊起来，她能看到有些很大的部件从核心作业区脱落下来。

对讲器里死一样的安静。

"石头，你安全吗，你在哪里？你快回话！"

由于反复回收使用，平台上敷设的 PBO 材料在紫外线照射下已经老化，在平台局部强力反弹时撕裂。电磁弹射器、总装架这些大部件纷纷坠落。每个很重的部件坠落时，都会让平台的配重进一步失衡，形成恶性循环。

谁也不知道驾驶室什么时候从平台上脱落，显然，在它脱落前，通讯系统就被损毁了。石立新一句话都没留下。

陈思柔跟着气球不断上升，全身僵在那里，眼睁睁看着平台一点点撕裂、变形。那朵美丽的花瓣凋谢了。

远古时代，农民在播种前要拜神，工匠在开炉前要献祭。宇航事业也有祭坛。从天上的宇航员，到地上的工程师，全世界有两百人被送上这个祭坛。

今天，方圆几百平方公里的人目击到临空冷发射平台的毁灭，一个新的牺牲者进入两百名先驱的行列中。

>> 十八、遗嘱

几小时后，四分五裂的发射平台散落在几十平方公里戈壁上。一片混乱中，没人看清石立新什么时候从上面坠落。当地驻军进行了搜救，从驾驶室残骸里找到了他的遗体。石立新已经背好降落伞，但舱室变形，没能爬出来。驾驶室以每秒七百多米的速度撞击到地面，遗体碎得不成样子，飞越公司里所有人都不敢去殡仪馆看他们的老总。

在那一刻，这家公司也随着石立新化为灰烬。它起家的太空边缘游项目刚刚有点赢利。平台撕裂虽然和观光旅游毫无关系，但公众却不这么看，空管当局马上收回了飞越公司的超高空飞行航权。

运载火箭被完整地回收了。悲痛过后，陈思柔组织员工仔细检查火箭出的问题，他们要让石头大哥牺牲得更有价值。

但是，常非却把公司高管都叫来，通知他们，王川认定临空冷发射技术没有前途，决定不再注资。由于石立新已经死亡，他将代表大股东王川对飞越公司进行破产清算。

是的，陈思柔不管背着多少个主任头衔，毕竟不是股东，没有权力处理这些事。陈思柔只好向常非解释，虽然发生了如此惨痛的事故，但实验也朝着成功更进一步，行百里者已经半九十。

石立新尚且不能动摇常非，何况这些生瓜蛋子。"既然没人待在隧洞另一头，你怎么知道还差

多远就能钻过去？也许离目标就是无限远。"

就在一愁莫展之际，一个律师忽然找到陈思柔。有生以来第一次接过律师的名片，她还以为公司在外面欠了谁的钱。律师的回答比这个猜想更出乎意料，他拿出一份公证过的遗嘱，告诉陈思柔，石立新早就委托她作为唯一的遗嘱执行人！

"遗嘱？他什么时候立的？"

律师说了个时间，陈思柔想起来，那是在石立新被迫跳伞之后。她又想起来，在更早的时候，她劝石立新戒烟，开玩笑地要他先立好遗嘱再吸。

"这个……这个遗嘱继承人该做什么？"陈思柔拿着遗嘱，一个字也看不清，泪水模糊了她的眼睛。

律师告诉陈思柔，她有权主持处理死者的财产、债务等一切事宜。但因为不是法定继承人，这个遗嘱她可以执行，也可以拒绝。而且，死者父母亲属都健在，她有责任召集他们一起讨论遗产分配事宜。

陈思柔调整好情绪，坐下来仔细阅读遗嘱。文件最前面，律师记下石立新的一段口述："我一生最重要的事业，就是研究临空冷发射技术。陈思柔小姐完全理解这个技术的意义、前景和研发过程。一旦我出现意外，只有她做遗嘱执行人，才能保证我的全部财产都用于完成此项目。"

有了这份遗嘱，陈思柔理直气壮地代表石立新与王川谈判。"其实，我们离成功只差一步。这几天我和公司同事已经找到了问题所在，下一枚火箭只需要改进几个地方，就能成功。"

这位全球闻名的风险投资家对石立新表达了深深的钦佩，但是坚决要从飞越公司撤资。"我预祝你们成功，但这个荣誉和我无关了。"

王川解释说，他进行投资的前提条件是这个研发团队能够存在。石立新遇难，在他看来就相当于团队已经解体。陈思柔努力占用了王川半个小时，说明她可以保证团队在没有石立新的情况下继续前进，但是她没说服对方。

王川离开后，常非就来和她谈清理剩余财物的事。"你们一点不考虑石总的牺牲吗？"陈思柔气得就差拍桌子了。

"出了这样的悲剧，我很难过。但我们也损失几个亿，就算是第二大损失方吧。"

陈思柔不愿意签字，她想拖下去。此事对王川来讲不是急务，他也不想逼人太甚。但是，另一

批人可不管这些，陈思柔必须马上去面对。她没想到，孤家寡人般的石立新，其实兄、弟、姐、妹俱全，总共七个同胞！老父老母也健在。除了他，全家人都聚居在苏北那个小县城里。陈思柔不禁对石立新当年的勇气多了一份理解。在石头大哥的办公室里，陈思柔没见过一张全家福，连亲戚们的个人照片都没有。她多少能猜到，石立新为了事业，曾经和家庭闹到什么程度。

亲属们组团来到北京。他的妹妹很不客气地说："这个遗嘱，我不知道你和三哥睡了几觉才拿到，反正我们家不承认！"

石立新的姐姐抬出道德武器。"三弟出门二十年，两个老人由我们兄弟姐妹轮流照顾，他什么心都没尽！"

石立新的哥哥显得推心置腹："三弟出去闯荡时我是支持的，他第一次创业还借了我的钱。"

所有这些人的要求都一样，平分石立新的遗产。然而清算后才发现，石立新全部财产都投在公司里，曾经购买过的房和车抵押到银行，换成贷款支持研究。石立新的账号里只有几万块零花钱。"你们可以把这笔钱拿走，但公司财产不能动。"陈思柔说道。

家属们炸开了锅，他们要求变卖公司财物。飞越公司虽然面临破产清算，残余资产还能卖个几百万。石立新的家属不是务农就是工薪阶层，对他们来说，这也算值得追索的财产。陈思柔坚决不让动，人已经没了，如果他的遗志再无人继承，那就什么都没有了。她提出方案，如果石家亲属不分割财物，可以平分股份。

没人对这个镜花水月感兴趣，亲属们展开车轮战，直到陈思柔被冲进来的同事抢出去为止。离开宾馆的车上，陈思柔忽然笑了，把开车的糖糖吓得不轻。"现在你还能笑出来？"她担心压力把陈思柔折腾得精神失常。

"没什么，我只是想起件可笑的事。"

"什么事？"

"没事，不方便告诉你。"

原来，陈思柔忽然想到，幸亏她和石立新的关系止步于同事。如果他表示了什么而自己又接受了，以后就得和这些可爱的亲戚们来往，那不得要了她的命。

回到公司，余温找到陈思柔，提交辞呈。"实在抱歉，公司里的人走了一大半。我也有经济压力，

不得不如此。"

陈思柔没有单独回答他，干脆把几个骨干邀请到一起，请他们最后坚持一个月，等着她再去融资，一定要把石立新的事业继续下去。好说歹说，加上大家对石头大哥的追忆，对自己多年努力心有不甘，几个人终于决定先不走。

凭借一时义气，陈思柔没有拒绝石立新的遗嘱，现在她被搞得精疲力竭。暂时没人来烦她了，陈思柔拖着疲惫的身体走进石立新的办公室，那里还挂着他与各界名流的合影。陈思柔指着照片，恨恨地说："石头，你这个坏家伙！靠一纸文件，就把这么重的担子压到我身上。你凭什么？我欠了你什么？"

>> 十九、援手

正在陈思柔走投无路时，余温忽然告诉她，有位女士前来拜访，好像是什么重要司法部门的。陈思柔出来一看，对方瘦小干练，穿一身职业装，很像银行经理。来人报出名号，正是高科技犯罪侦查局调查专员杨真！

"我们负责国内重大科研项目的安保，以前和石总打过交道。"

石立新没对公司里任何人讲过，自己曾经被请去秘密问话。陈思柔迟疑地和来人握握手。杨真先是请她引领着，把公司上上下下参观一番，然后才走进办公室，将来意合盘托出。

原来，石立新走访西南交通大学的事惊动了高科技犯罪侦查局。按照程序，他们要请航天专家评价石立新的技术方案，以便确定它是否威胁国家安全。不料请来的专家却认为，此方案不能小看，非旦不威胁国家安全，一旦成功甚至会兴旺国运！

专家的个人意见给杨真留下深刻印象。得知石立新的死讯，杨真便去运作各方关系。她的工作是给危险的科研项目亮红灯，这次，她决心反过来，帮石立新的事业开一下绿灯。

"我在职业生涯里见过许多不可思议的前沿科技。真正有价值的东西，我会努力支持。我想，你还是和你的老东家合作吧。只有他们投资入股，才能把石立新的事业延续下去。"

"老东家？你是说中国航天？"

"我已经和他们谈过，航天部门会有人来和你谈合作。具体什么条件，我不是专家，无法给意见。但是，宗旨就是能让火箭从临空平台上发射出去。"

"天啊……"重担一下子从肩膀上卸掉，陈思柔轻松得差点飞起来，泪水也滚了出来。石立新在天堂上看到这个结果，不知道会高兴成什么样。

"我……我得怎么感谢你？"

"不用感谢我。石总的死，可能我也有责任。他曾经向我咨询，如果实验中出现伤亡事故，他要不要承担法律责任。我的回答模棱两可，可能就是这个，给他带来了压力。"

杨真走后，陈思柔睡了事故发生后最安稳的一觉。醒过来不久她又产生了怀疑，这个杨真比自己大不了几岁，即使有心帮忙，她又能有什么重要人脉？

没想到，第二天中午，航天六院常务副院长邱广宁亲自找她，谈判成立合资公司！居然和老上级坐在一张谈判桌前，这事一定惊动了很高的层面，邱院长可能都是受命前来。

"小陈，这次国家下了决心，必须把发射平台建起来。像 PBO 这种超级纤维，我们六院已经制造出样品，但从未量产。这次如果合作成功，我们马上拨几个亿建生产线，赔钱也不怕。还有，发射卫星需要遍布全球的测控部门。光那些测控船，测控基地，都不是民营部门能运作的。"

"你们就不担心这项技术一旦成功，传统发射场会报废？"

"我们评估过。临空冷发射技术确实会让传统发射站场一文不值。但不是中国一家会这样，美国、俄国、欧洲、日本，所有传统发射场都有灭顶之灾。然后，我们还有临空冷发射平台，这账怎么算都合适。"

浩劫之后，飞越公司只剩下在失败土壤上结出的经验教训。再组合资公司，钱必须全由对方投入。不过一旦国家下了决心，经费问题便迎刃而解。陈思柔坚持的要求是公司必须股权开放，将来要去欧美某个证券市场上市。

这是石立新写在遗嘱里的要求，陈思柔与任何潜在的合作者谈判，都坚持这一条。他和托尼都不愿意让临近空间成为未来战场的一部分。临空冷发射技术一旦成熟，很容易改造为战略导弹平台。己方从那里发射导弹后，平台迅速移动，可以防止敌方的报复性打击。

显然，以航天六院的层级，对这个问题也不能马上答复。过了一周，陈思柔又被请到院长办公室，告之这个开放股权的要求已经被通过。

陈思柔又提出最后一个条件，这是她自己的，而且让邱广宁大为意外。"什么，要用石立新的名字为新公司命名？"

"这有什么困难？又不要你们出一分钱。"

"小陈，你就是从航天部门出去的，哪个研究院以总工名字命名？钱学森都没这个待遇！"

"这我知道，可前苏联不就这么做吗？米格设计局、安东诺夫设计局，哪个不是以总工名字来命名？"

看到翅膀已经长硬的部下，邱广宁笑了，答应她过几天给答复。

此时，飞越公司还没和王川办完"离婚"手续。听到航天集团有望入主，王川在一夜间改变态度，要求以初始投资人的身份加入新公司，分享旧公司到目前为止积累的所有知识产权。陈思柔很气愤，她觉得石立新最后遇难，就是因为承受了太多来自王川的经济压力。几天过后，她还是想通了，毕竟没有王川那笔钱，他们也无法走到今天。

最终，由三家创始人合资的企业被定名"立新空间发射服务股份有限公司"，继续扣击廉价航天时代之门。

>> 二十、飞越卡门线

一公斤的百元人民币钞票约有九万元。当简易助推火箭最终从临空平台上成功发射，顺利入轨，全部实验费用折合百元大钞，已经相当于这枚火箭的重量！这远远超过石立新在方案中明确写出的预算，也许他早就预料到这个结果，只是想钓上一条大鱼。

转眼，临空冷发射技术商业化运营进入了第四年。

过去这一年里，中国航天员仍然没有登陆月球，无人飞船也没有飞抵火星。不过，立新公司一年中向太空发射了 1105 吨有效载荷，占全球所有发射量的 95%！

中国排名前几位的快递公司、电商和连锁超市都拥有了自己的专用卫星。十几年前，这还只是沃尔玛公司的独门利器。

立新公司承包了为国际空间站运送补给的全部任务，从此，空间站里的人不用再喝一万美元一公斤的水。

这一年间，全球发生 7.5 级以上地震四起。每次中国政府都会在 48 小时内发射一枚专用卫星，捐赠给受灾国政府收集灾区信息，星箭成本合计不超过一百万美元。

这一年，立新公司为国际捕鲸委员会发射了生物活动专用监测卫星，可以同时监测六十头植入跟踪器的鲸。

如今在野外仰望星空，会发现那里热闹了很多，已经有三个大型太阳能实验电站被发射到地球同步轨道。它们的面积大于繁星，小于满月，构成一组美妙的图形。

甚至，立新公司还开办了独一无二的天葬业务，一些比 V2 火箭年纪还大的老人们用这种方式圆了自己生前的梦。

至于传统发射技术，也并没有像预计的那样萎缩，因为新技术在太空里创造了许多新机会。补给运输更加方便，催动新的空间站计划大大加快。能够把燃料和部件预送到地球轨道，建造大型深空飞船的计划也能提前进行。临空冷发射平台像一丛绿叶，让中间的红花变得更加灿烂。

几十年前，计算机行业的领头羊都在制造大型机。然后，个人电脑时代光临了。今天，同样的事情正在宇航领域重复。笨重的火箭只运送人类，成千上万吨物资廉价地进入轨道，在那里建设空间站、空间工厂、太空城市，再用制成品反哺地球。

到那一天，太空时代才算彻底来临。

地面上，立新公司已经完成路演，将在法兰克福交易所上市，总市值预计高达一千亿欧元。

每座临空冷发射平台留空时间大约为一年。现在，多次改进后的第四座临空冷发射平台也在空中组建完毕。它的外环直径六百米，相当于一个大型居民社区拔地而起，君临天下。新平台的有效负载超过一百五十吨，材料和部件也已经鸟枪换炮。全部蒙皮都使用 PBO 材料，自主动力从螺旋桨发动机改成功率强大的等离子体发动机。把天空和地面联系起来的工具则演变成环式飞艇，两个同样有动力的飞行器在空中能够更有效地对接。

经过两次成功的无人飞船试射，今天，一名航天员乘坐运输气球登上平台。五十吨重的新型简易助推火箭将让她成为第一名从三万米高空直冲卡门线的人。想当年杨利伟升空时，身下的火箭重达 464 吨！

陈思柔本想争取这个名额，不过乘这种火箭上天，尽管舱里已经安装了缓冲装置，弹射时身体要承受的过载仍然很大，陈思柔还不是理想人选，一名专业女宇航员接受了挑战。

地面上搭起观礼台，陈思柔和各部委官员，十几名公司高管，大批媒体记者，以及上万名航天迷共同目睹这一刻。倒计数响起，大家仰望天空。虽然火箭长达十几米，但在几万米之外，凭借肉眼还是看不清。人们只能看到一朵美丽的火花突然在蓝天上迸发，接着，一道白线斜入苍穹。

一刻钟后，飞船准确入轨。上面存放着石立新的骨灰盒，它在三百公里轨道上被弹入太空，石立新到达了他梦寐以求的地方。

陈思柔现在是立新公司的总工程师。没有石头大哥约束，她给自己安排过数不清的高空作业。有时候一出舱，她就觉得石头大哥还在自己身边，吊在溜索上一起滑向核心作业区。他已经不在了，但置身于临空冷发射平台上，他仿佛无处不在。

确认航天员入轨后，陈思柔代表那些被石头大哥聚集起来的年轻人，回顾了艰难历程中的桩桩件件。她请大家牢记石立新的伟大，没有他的坚持和牺牲，就没有今天的廉价发射事业。

至于石立新走向死亡那一刻在想什么，陈思柔自己也不清楚。也许是强大的经济压力让他失去理智；也许只是缺氧导致的思维错乱。反正，石头大哥留下如此辉煌的事业，他当时的动机究竟是什么，已经完全不重要了。

散会后，糖糖发现周围没有记者，便跑到陈思柔身边，悄声问她。"石头大叔有没有向你求过爱？"

女人就是喜欢八卦，这个问题陈思柔回答过好多次。没有，他们之间什么事情都没发生，她也不知道石头大哥为什么让自己当遗嘱执行人。

"那你爱不爱他？"

这个问题陈思柔应该能回答，但她却答不上来。糖糖诡笑道："出事那天你为什么喊他'石头'？我们顶多喊他石头大哥。"

"我这么喊过？真的吗？"

"还想抵赖，那天你在对讲机里喊他'石头'，他喊你'思柔'，把我们地面站的人全部当空气！"

陈思柔没有抵赖，她真得记不起来，那一天他们曾经如何称呼对方。■

躁郁宇宙

作者 / 黄海

>> 一、火星, 微粒芯片宇宙飞船

火星基地的医院在地下五层, 每逢有宇宙飞船到来时就变得特别忙碌。

从月球抵达被称为第二个地球的火星, 长期处于微重力状态下, 有人显得极度虚弱, 有人很像战败返乡的老弱残兵, 骨质中的钙流失严重, 循环系统和心肺功能变差, 有些人甚至已经站立困难, 在绿色地毯上像动物一样爬行着练习运动。看着他们的滑稽样子, 对于程一平和其他医护人员来说习以为常了, 但他还是心生怜悯, 因为有些伤害是一辈子不可恢复的。未来几年内, 更先进的人造重力宇宙飞船即将出现, 或许可以让太空旅行造成的后遗症减少些。而火星这儿有 0.4 个 G 的重力, 还算是舒适的窝, 不必担心喝水或排尿时, 液体会漂浮出去, 或产生重力不适, 也不必担心男女做爱的困难。

火星基地的居民, 都是学有专长的技术人员, 头皮下都植入了知识百科芯片和通信器, 每个人除了个人专业外也几乎都是百科博学者……埋在程一平头皮下的网络通信器叮咚响了一下, 随后传来被拖长的细微嘀嘀警笛声, 这是火星地面传来的紧急呼叫, 眼前悬浮的虚拟信息版上显示出中文字幕, 随后传来苏丽雯微笑的脸和温柔熟悉的语音:

"程医师, 请来地面太空中心。有急事!" 小雯平淡严肃地轻唤着他, 声调平和而官式化, 不见往日的娇嗔, 看来是公事。

程一平想到马上要与小雯见面, 不禁局促起来。但他依然迅速从火星地下五层的医院病房搭电梯直上地面。两人曾一起度过一段亲密美好的时光, 而因为他曾经带头激烈反对小雯父亲苏武的太空探险计划, 认为技术还不成熟, 带着大批人移民到不可知的外层空间, 艰辛危险不得而知。而根据他在禅定意识中对未来的探测, 宇宙飞船将遭遇可怕的波折, 小雯的父亲与他发生冲突, 出言侮辱 "你这个巫师, 只会讲鬼话"。之后程一平又与小雯为了她

饲养的老猫该不该安乐死吵得不可开交, 怪他看上另一只猫的女主人林雅玲, 看上她丰胸翘臀, 程一平与小雯差不多闹僵了, 她还打了程一平一巴掌, 两人渐行渐远, 许久不相问候, 这回因公事相见也许是复合的机会, 但程一平永远忘不掉那个巴掌。

作为一个全科医师且专修精神医学, 程一平自己遇到的心理问题也许是一般人想象不到的, 他了解有时候科技是无济于事的, 才会寻求精神科医师或非物质能力的帮助。像程一平这个全科医师并且受过专业训练的精神医师、有心灵力量专长的人, 是时代的优秀分子。

来到地面圆顶建筑的太空中心第一研究室, 玻璃罩外的落日是迷离的淡蓝色, 比起地球上看到的太阳轮廓小多了, 太阳只像个小橘子。以前, 蓝光太阳四周散射着灰粉粒, 如今大气层逐渐丰富, 夕阳的余晖显得偏红, 在阴暗沉郁中散射着绮旎梦幻的色彩, 远在二十光分的地球那边, 灿烂美丽红色夕阳, 只能在梦中寻找, 那是曾曾祖父母一直赞美着的人间世界。如今火星的地球化已初具规模, 逐渐成为第二个地球。人们居住的火星地下都市住宅墙壁不时会更换照明图景, 除了火星本地风光之外, 也变化出地球风光的山川湖泊、森林大海或是高楼大厦, 不忘地球原乡的景色。

火星太空中心大批的科学家正忙碌着, 注视着几个巨大的屏幕显示的不同数据, 有的在观察天象, 有的在引导从地球和月球来的宇宙飞船, 有的在注视着从土星的泰坦卫星、木卫一伊奥、木卫二欧罗巴……等探测基地转播来的信息。这些无人基地, 连同火星太空中心, 正努力追查着一艘由火星的卫星迪摩斯建造的宇宙飞船——"盘古号", 它在失去控制之后, 飘过小行星带, 冲过木星的引力场, 之后消失无踪……

"'盘古号'一定出事了! 程一平医师当初的反对应验了!" 许多人议论纷纷。"盘古号" 正是

小雯父亲苏武所领导的宇宙飞船。

"别说什么'盘古号'啦，它本来就是我们火星的第二颗卫星戴摩斯，它竟然逃走了……"有人不屑地说着。

"本来只是实验用的卫星太空岛，竟搞成这样……"抱怨声总是来自沉着稳健的保守者。

人多嘴杂的聒噪声中，小雯向他欢快地招手，眉宇飞扬，之前的芥蒂好似暂时烟消云散。静默片刻之后，他读出她眼里的惊慌和隐藏的不安，表情中带着尴尬微笑和几分羞赧。苏丽雯是最先进的意识领域的科研人员，附挂生物学、通讯、文史哲学领域的专长，附挂的才智是来自她植入的最新百科知识芯片，可以随时联机取用。

苏丽雯带他到实验室。她的随身机器人，准确地说是仿生人——以苏丽雯的形貌制作，至少有九分像她本人——很有礼貌地对程一平行礼，露着甜蜜的微笑，说：

"程先生，很感谢你来。以前的事别介意，向你致歉！"仿生人代替主人道歉并在自己脸上打了一巴掌说，"对不起，我打自己一巴掌！哈，礼尚往来，还了你……"仿生人的动作，是这个时代人际交流很好的改善方式，因为苏丽雯打过程一平一巴掌。

苏丽雯的仿生人引他到一个清静房间去，拉开椅子要他坐下，桌上摆着电子显微镜和相关的实验器皿，小雯跟着进来，挤出了几许苦涩笑容，不安的眉宇就像清澈的天空染了一片乌云。

"根据自动系统传回的信息，'盘古号'凶多吉少。"她说着，眼神和声调中流露出久未见的尴尬和发生事情的疑虑，像做了错事的小女孩，担心自己父母亲在'盘古号'上的安危。她抱怨着继续说："我爸还半开玩笑说，每找到一个新行星，就放一对夫妇下去，这对夫妇就成了这颗新星球的亚当、夏娃……我说他在说笑话，他说只要加速到近光速就会产生相对论时间差，不必穿越虫洞……"

"我老早就说，不应该仓促成行的，还好，我拉住了你。"要参加这趟旅行需要男女情侣或夫妇结伴成对，这是基本守则，他和小雯原本就是良伴一对，程一平高谈阔论起来，"当初让我们一起去不就是当了亚当、夏娃啦？哈，也许真的做到了，我们变成了创世的主角……"程一平打趣着，"很浪漫的想法，电玩游戏的玩法啊！"宇宙的浩瀚和不可思议，绝对是渺小的人类无法想象的。或者也

在隐喻着当初地球人类的来源说不定是同样被亚当、夏娃殖民的历程。

"盘古号"原来只是一颗绕着火星赤道旋转并富含碳的小卫星，平均半径六点二千米，内部本来就有坑洞，被直接打造成可居住并且能自给自足的宇宙飞船，上面住了五十四对夫妇，用以验证太空航行自给自足的可能性。事前经过科学家计算，如果在封闭状态下生活，居住五十对夫妇便可以免除近亲通婚的问题，而且经过拉里洋—基因控制，保持一生中一夫一妻的效果会达到七成以上，尽可能阻绝了婚外情纠纷。这是过去很多科幻小说和电影的末日情境都曾探讨过的问题，就像《圣经》的《创世记》第十九章提到索多玛与蛾摩拉两座城市的毁灭，以当时的世界观来说，有如世界末日，以致必须父女同寝才能生育繁衍人口，这是伦理法则让位给了生存法则。

这艘"盘古号"太空岛，必要时可以使用纳米机器人扩建室内空间或设备，增加容量，以安置更多繁衍的人口。"盘古号"是一艘使用火星小卫星改造的宇宙飞船，可以说是一个小型太空岛，如今，经过一年的实验证明，它是天然可以避免陨石和辐射伤害的星体，正好为建造宇宙飞船带来便利。"盘古号"远征代表的是人类拓展太空边疆的决心。

由于以苏武领导的科学团队在除了核子融合冲压火箭之外，又发现了从太空中取之不尽、用之不竭的暗能量使用方法，制作了暗能量收集推进系统，将火卫二改名为"盘古号"宇宙飞船，脱离火星引力。这项计划决策引起很大争议，苏武重新诠释美国肯尼迪总统当年登陆月球的决心：

"因为困难所以要去探险！"苏武又加上了一句："因为好奇，所以要去经历！"

苏武又说：英国探险家乔治·马洛里在地球最高的珠穆朗玛峰遇难，生前，有人问他为什么要攀登珠峰。马洛里答说："因为山就在那里。"苏武说："那么，太空就在那里，第三个地球就在那里，我们必须出发，理由够了吧？"最终"盘古号"远征成行。

"盘古号"缓慢加速，过去两年八个月内的定时联络很正常，但是通过小行星带进木星引力圈后就失去联络了……

程一平注视着苏丽雯苍白的脸，她显得心事重重，声音哽咽，她低着头寻思着怎么说下去才合适。他安慰她：

"放心吧，他们本来住在仙境里，又配置了先进的机器人，遇到困难都会解决的。就像我们的祖先当初移民火星一样……"

"'盘古号'失联了，本来一直保密，但是不能这样下去。"小雯说，"最后第二则消息，说是情况很严重，是他们的精神医师发来的，他们需要的不是物质或技术援助……那时太空中心的高端科研小组正在讨论解救方案。"

"有人说'盘古号'已经通过虫洞离开太阳系，跃迁到二十光年之外了。"

"那……又怎么样呢？"他不解地望着她。

"消息中说，很多人出现了精神病，首先发作的竟是精神病医师，属于躁郁症，百分之九十的人无法适应长年密闭的生活空间，处在狂乱状态中，有的是精神分裂……"苏丽雯眼眶盈满了泪水，继续说，"最后一条消息是，他们之中大部分人都陷入狂躁或忧郁状态，有人自以为很行，企图打开舱门逃离宇宙飞船从而引起了纷争，飞船失去控制，情况极度混乱，通讯也中断了，目前处于飘流状态。这些情况火星太空中心一直保密着……"

"我了解，一个躁郁症发作的人，是会做出很离谱的事，包括自以为可以驾驭任何人、任何事，自以为无所不能；精神分裂病患者对于时间、空间的感觉是麻木的，活在自己的时空体系中，人类历史上有很多名人也是这样……你爸妈还好吗？"

"最后一次信息是计算机发送的。根本没有爸妈的消息了。"小雯说。

程一平沉默着，墙壁上的大屏幕出现"盘古号"出发前的景象，里面的成员都是精挑细选过，属于高级知识分子，各有专长，身强体健，充满星际探险的决心和热忱，到太阳系外定居移民，只是可能的方案之一，万一不行，便永远成了流浪行星。

"这几天，我一直做着一个可怕的梦，好多尸体飘浮在'盘古号'舱外层空间中，我担心是人口问题或内部动乱产生的事故。"苏丽雯的眼眶中有晶亮的液体闪烁。

"不过他们都接受了基因控制，保持一夫一妻制，避免混乱的人际关系，应该不至于有什么问题。"程一平安慰她，他也明知控制率只能保持百分之七十的有效性。

苏丽雯沉思了一会儿说："你可以用你的意念来影响微芯片吧，你先试试看，再告诉你为什么，多试几次，应该是可以轻而易举做到的。"

程一平很难想象，苏丽雯的老爸老妈飞向星空深处，女儿则在火星上生活，亲情的悬念只能维系在虚无空间中。在苏丽雯的催促和建议下，他在显微镜下使用意念操控着芯片的行进方向，逐渐向一堆双凹形的圆盘体红细胞靠近，他们侧向排列时，堆垒得像一串钱币，又像一群小朋友身体靠着身体在活动。他以意念控制着芯片游过一排红细胞，穿破细菌体，从另一边钻出来。如果用来治疗人体疾病的话，这也是一种微型的标靶攻击器，量子力学中所谓"心灵影响物质"在他和小雯的实验中再一次被验证。

"你先来看看显微镜下的东西。再跟你说清楚……"苏丽雯对着他发命令似的指派。

程一平对着电子显微镜底下注视，微小的计算机芯片有如细胞一样大小，正由几十只带着微弱磁性的细菌向前推，细菌摆动的尾巴产生动力。在他旁边的苏丽雯靠过来，把细菌分离开去，他看到芯片在血管中静止了，她按下一个钮，启动了磁铁的磁性作用，微芯片转变了方向，以每秒数十微米速度在人体血液中移动，她放开了钮，芯片又静止不动了。在红外线波长、细胞和细菌的数量级尺度下观看到的世界，可以相比于现实中地面道路上的车子或水流中的漂浮物在游动。

"给我看这个……有什么用吗？"程一平不解地望着她。

"那么，再逐渐增加数量，控制两个、三个、四个微芯片……以致一个群集，试看看……行吗？"

程一平还弄不清楚她葫芦里卖的是什么药。

"我想一定没问题的。"美国人高华德不知什么时候走进来，插嘴说道。

程一平集中心力开始随心所欲控制众多的微芯片在显微镜下的血液中活动，然后，他被要求对着飘浮空中的微粒芯片组使用意念力下达命令，让它们形成固定的形象。苏丽雯解释，那是火星太空中心研发出来的微粒芯片，每一个微粒芯片只有细胞大小。

"是这样的，太空中心想借助你的意念力，去找他们，了解他们发生了什么事，帮他们解决问题，如果他们还活着的话。"她应该是从头皮下安置的百科芯片取得了信息，她说得缓慢而字正腔圆，好像在脑里过滤梳理信息后才吐出话："当初'盘古号'之所以能源不绝，是来自发现了纯能量场，被称作第五元素，这原来是用以驱动宇宙进行加速膨胀的力量，'盘古号'用来作为主要的推进系统。"

苏丽雯说话时，他隐形眼镜的网络系统立刻呈现出历史画面，显示屏中出现一颗有如带壳花生形状的小行星宇宙飞船，在茫茫星空中航行。

程一平回到家时，家里的妙妙猫对他说：

"好奇怪，他们想要派出群集微粒宇宙飞船去查看'盘古号'，帮助里面的人。你是医师，具有特殊意念力，听说他们选中你了。"妙妙猫又补了一句："我是在太空中心的交谈网站中无意中听到的，只有简单几句话，我还以为听错了。"

程一平还不明白是怎么回事，心想"盘古号"也许还在太阳系内，距离太阳系最近的比邻星半人马座还远，他如何帮得上忙呢。

"追日号"是怎样的宇宙飞船？

程一平搞不清情况，只顾忙着为新来的移民处理他们的健康问题。包括为其中一个女孩更换心脏，因为来不及使用心脏细胞培养法制作心脏，才迅速采3D打印技术，以细胞为材料，打印出一颗心脏，帮她更换，要是他们能搭最新式的宇宙飞船，装备着昂贵的旋转太空舱产生重力，就不会招来这样的麻烦了。

几天以后，苏丽雯和太空中心的高华德主任叫上他，把他带到火星的粒子加速器，那儿有一个纳米科技研究所，这时他才终于明白怎么回事了。

有着美国人血统金发蓝眼的高华德说：

"程医师，现在要告诉你的是，我们打算使用分子宇宙飞船去追'盘古号'，这就是所谓'追日号'宇宙飞船，其实只是一束粒子，是一群只有分子大小的微粒芯片探测器，每一个粒子芯片里都有传感器、照相机和无线电发射器……它们将由火星的粒子加速器发射出去，相互定位拍照，有效地接近光速，接近'盘古号'航线上，并且进入'盘古号'宇宙飞船内勘察，你的意念力必须跟随着微粒芯片宇宙飞船……"

"这是个超凡任务啊！就如同远程操作救援啊……"程一平说，想着这一次出征一定是一次惊奇体验。

"放心，我会在旁边照顾你的。"小雯说。

程一平被安排在火星的粒子加速器旁边的房间躺着，两只眼睛被黑布眼罩蒙着，尽量把神志集中在粒子加速器的运作上，倾听声音，以心念捕捉影像。在过去，每当一束粒子从碰撞机中发射出，计算机根据海量的数据转化为声音，经历的时间也成了长短音符。如今改为分子大小的微粒芯片，同样做了转化，声音是激发意念力与微粒芯片宇宙飞船链接的第一步。之后再与超感应探测器联上脑神经网络，甚至将探索的结果以影像显示在屏幕上，如同把一个人做梦的情况影像化。

身为医师当然了解，大脑只是一个放电器官，能将电讯号由一个神经元传到另一个神经元，一种名为跨颅性刺激（TMS）仪器的使用，让头部连接刺激大脑而无须打开大脑，这会引起局部脑细胞的兴奋感应，强力磁场通过皮肤及头骨，在磁场脉冲短暂持续的几微秒中，经过准确定位的磁场发生作用。脑神经细胞产生反复放电，神经元产生电流，当大脑的千亿神经元通过个人的意念力扩大成涵盖整个宇宙银河星系时，人如同与宇宙合一，微粒芯片宇宙飞船传来的信息可以轻易被捕捉到，意念力与微粒芯片宇宙飞船同步前进。

"发射！"

巨大的旋转粒子加速器发射出一束微粒芯片，无数微粒宇宙飞船对着"盘古号"的方向出发。这时候，程一平依着自己的心念能力，将自己的脑部千亿神经元，向着银河星系展开，与星空联结，神志逐渐攫住了微粒芯片宇宙飞船，与之连成一体，一千艘微粒芯片宇宙飞船在太空中以只比光速略低百万分之一的速度前进。

"超距传感启动！"

程一平躺在特制的躺椅上，头部和四肢连接着电极，墙上的监视屏可以综合显现微粒宇宙飞船通报回来的星空信息，可以确定搜索的结果。理论上达到光速的百分之八十六，便会达到时间缓慢效应的一半，即火星上两年，宇宙飞船一年，如今以接近光速前进。因为相对论的时间膨胀效应，追上"盘古号"，那儿也许将脱离太阳系的边疆，而且使用的是群集微粒芯片宇宙飞船，群体同时搜索，相互通报联系，很快就能定位找到目标。

如果有什么事是让程一平可以挂念的，那便是船上一百零八人的安危，其中还有小雯的爸妈，他在焦虑中努力把一些心念中的影像推到眼前的显示屏上看清楚，在类似禅定意识状态中随着微粒芯片宇宙飞船前进。他明白，此刻自己大脑里一千亿个神经元细胞正发挥作用，凭着超常感应力，细胞有如灵敏的收讯器，每个神经元又跟一千个神经元联结，合起来产生数以百兆计的网络，成为一个超常灵敏的网络大脑，而它本身就是一个电力器官，将神经网络放大到无限空间就是一个宇宙探测器，投射出无数的思维意识网络链接着微粒芯片宇宙飞船，网住天幕中的无数星星，追踪"盘古号"宇宙飞船……

>> 二、火卫二，"盘古号"宇宙飞船

苏丽雯的父亲苏武，作为"盘古号"宇宙飞船的领导人和策划人之一，必须做到铁面无私。只有无所不能的超级计算机发生情况无法工作时，才上场担任指挥，那是避开人性偏差的最好管理方式。

事情要从人类登陆火星三百年之后的2335年说起。

苏武所领导的一群智高胆大的科学家和工程师，结合先进的量子计算机设计建造了火卫二戴摩斯生物圈，本来只是作为密闭空间的殖民基地。太空岛内设有医院、工业农业、居住、娱乐健身设施以及政府，遇到损害可以自我修复、更新，自给自足。苏武和他的团队又设计了星际冲压式融合引擎，规划利用火卫二成为宇宙飞船，在它的前方有如一个冰淇淋筒的漏斗，舀取飘浮散布在空间的氢原子和暗物质作为燃料，透过核子融合反应过程，在机器后面喷出，推动前进，可以无限期地在太空中航行，最终达到光速的十分之一。

"这样的速度仍是非常原始的！"苏武十分明白，大家也能了解接受。

居住在里面的五十四对夫妇、情侣，逐渐产生了全体共识，刚好发现太阳系边界奥特云，这个包围着太阳系的球状云团，有如圆罩，距离太阳有一光年之遥。那里有一个虫洞，被土星的泰坦卫星基地的探测机器人所发现，那儿是数以兆计彗星的来源，新彗星就是通过黑洞不断冒出来，取代那些形体逐渐消散不见的彗星，正如二十一世纪的科幻电影《星际效应》——由理论物理学家索恩指导拍摄的虫洞，它其实是真实存在着的。科学家计算，可以通过虫洞以超光速抵达另一空间，前往第三个地球，加上空间航行，估计可以在几个世代之内抵达。对新世界的向往，促使移民者壮大了心胸和热忱，如果没有成熟的科技后盾是不敢贸然尝试的。而其中最不看好、反对最有力的就是程一平，他依据的是现实的评估和恍惚状态中的神志探索，看见了未来不利的光景，他早已提出警告。

"脱离火星脐带！"
"前往新世界！"

呼声响亮，所有地球、月球和火星上的人都被震动了。

火卫二基地上人人绷紧了神经努力在规划航程，把卫星当作宇宙飞船脱离火星轨道，最初的航行过程中，太空中心不断给予指导，甚至远程操作仪器。人是一种奇怪的动物，一旦还有未知或新奇之地，便会激起好奇心，想要探索究竟，或前往一游。人类开发火星的艰辛过程中，最重要的水资源是使用机器人捕捉彗星撞击火星，彗星是冰块组成的星体，大量的水分得以在火星地面形成湖泊或河流，这也促成火星的加速开发，当第二个地球逐渐成形之后，火卫二基地的殖民者便兴起前往第三行星的念头。众声喧哗：

"出发！"

通往第三个地球的世界，"盘古号"的目标是前往一颗适合人类居住的行星葛利斯531d，它绕行位于天秤座的一颗红矮星，距离地球二百一十五光年，在葛利斯星系排行第六行星，葛利斯只有它们太阳的三分之一质量，亮度百分之一，531d是一颗岩石星球，有着丰富的水分，表面平均温度在十摄氏度左右，属于人类的宜居带，质量和面积跟地球相似。

长程太空旅行的人本应该很平静安详，"盘古号"的五十二对夫妇加上船长副船长夫妇刚好五十四对，一百零八人，正好是两副扑克牌的数量。人们可以在太空航行中玩人体扑克牌游戏，玩的时候也保持了肢体运动，每个人都有自己的代号牌，夫妇和情侣的花色是一样的，两副牌就分成男扑克及女扑克，玩的时候是以单一性别的牌色出列，只要人形扑克保持清醒状态就有精力玩乐。

每个男人抽取《水浒传》一零八好汉的天罡三十六星，或地煞七十二星为绰号，在玩乐的时候相互称呼。于是又有了霹雳火、小李广、小旋风、花和尚、美髯公、拼命三郎、两头蛇、呼保义及时雨、神医、一丈青、混世魔王、小霸王、独角龙、一枝花、金毛犬、白日鼠……随人喜好各取为绰号名之，在健身活动时就以绰号相互招呼。

女人们不愿参与天罡地煞的分配，就以八十八星座的名称自称为星座皇后，比如仙女座皇后、天燕座皇后、宝瓶座皇后、天鹰座皇后、鹿豹座皇后、巨蟹座皇后、摩羯座皇后、仙后座皇后、半人马座皇后、仙王座皇后、鲸鱼座皇后……每位佳丽都满意自己的身份。

于是，期待生下女儿增加人口，便可以扩充星座皇后人选。

"人可是有一百零八种烦恼呢！"充满遐想的年轻女孩，闪着乌亮眸子，手摸胸前的白色玛瑙念珠打趣说"这是佛教的说法呢，也是我参加这趟旅行的依靠。念珠就是一百零八颗，随时随念，寻到西方十万亿佛土啊！"

"不，我们都是未来的亚当、夏娃呢！"不管基督教教徒也好，非基督教教徒也好，都有这个梦幻想法，如果在一个美丽温暖的星球降落，只要其中一对夫妇单独在新的伊甸园生活，繁衍子孙，成为开天辟地的始祖。若干万年后，便可以形成一个有如当初地球的文明世界，这也许只能在虚拟游戏中实现……

"达不到光速旅行的话，休想！"宇宙学家兼工程师泼来冷水。"'盘古号'跟飞碟比起来，还是慢吞吞的。"

大部分人在休闲时着迷于电动玩具，尤其是跟星际旅行有关的项目，人们身在其中，也从星际旅行游戏中得到新奇兴奋、新的体验，乐此不疲。然而在低重力中生活，产生了生理问题，在健身房里，大家谈论的话题集中在身体上。

"我的视力模糊，很不清楚呢！"女性健身房里，绰号小蝴蝶的白皙女人一边踩着脚踏车，一边揉着眼睛，脖子上挂着毛巾，随时用来擦汗。如果在无重力下掉眼泪，泪腺把眼泪挤压出来后，眼泪会挂在睫毛附近掉不下来，或者飘走，带来麻烦。

旁边跑步的男性伴侣马上朝小蝴蝶挥手，轻轻哼起一首过去流行的宇宙歌：

> 无重力太空中，可别轻易掉眼泪
> 不管有多悲伤有多累
> 星星太阳是我的安慰
> 亲爱的爹娘、家人和朋友
> 喝口相思酒
> 梦里再相会

"我肌肉萎缩无力。"管理农场的专家说。

"我老公身子越来越长，竟然长高几厘米。我也快一米八了……"那是脊椎和骨骼关节被拉长的关系，说话的女性计算机专家，穿着三点式的身材曲线毕露。

"嘿嘿嘿，那么你老公可以发挥长处啰。"

爆开的笑声传遍了整个女性健身房，众美女裸身的晶莹汗水微微震动了下。

>> 三、暗黑无界躁郁生命

"盘古号"核子融合动力系统只能解决推进太空岛的能量和内部供电之用，直到暗能量系统研发完成加入运作，让整个太空岛旋转产生人造重力，人们感受到行走和活动的方便，不再在缺少重力的飘浮环境中生活，但这仅有火星地表重力的四分之一，等于是地球重力的十分之一，差强人意。然而，就在盘古号即将高速前进时，柯伯伊带到奥特云之间的彗星老巢中出现了数不清的彗星，"盘古号"来不及进入虫洞跃迁，外层空间的剧烈扰动使得"盘古号"航速受到影响，宇宙飞船剧烈震动并在原地打转。

冬眠舱失效了，计算机发现制造和输送冬眠用的硫化氢气体管路在震动中毁损，数以万计如灰尘般的纳米机器人被派往管路维修，却在失控状态下把一个科技人员活生生吃光，从监视屏所见情景异常恐怖，一大团肉眼难以看清的飞尘微粒机器人将被害者包围，附着在他身体，侵入他的眼睛、鼻孔、耳朵、嘴巴、皮肤，很快地把一个活人啃得尸骨无存，失控处被封闭，废物被排放到宇宙空间。

也许是不堪长期在密闭中旅行，不少人产生了怪异行为，最初是担任食用人造肉的生物科技工程师李丝莉产生了幻觉，看见干细胞培养物的原始本尊：牛、羊、鸡、鸭等变成真实的物种出现在农园里，那是她平常日思夜想、潜意识里渴见的地球动物，千思万盼想摸摸实际生物体。她在农园里与幻见的动物奔跑追逐，毁坏了农作物和精密仪器，把鸡舍里用来生蛋的鸡全部吓飞，还自以为是生蛋的女人，想要孵化自己的蛋，躺躺在高茎作物堆里碰触到加温用的电源线，变成了植物人。

那个信仰佛教的虔诚女信徒李萍萍，只要处于清醒时刻，便不停地数着挂在身上的一百零八颗念珠，声称看见佛陀从太空中来到"盘古号"并焕发着光芒。在面对机器人与她的对话互动时，她的眼睛瞪得比念珠还大，她以为面前的机器人要强暴她。她的话谁都不相信，众人一阵嘲笑。最终，她钻入狭小的管道进入暗能量转换机里，羞愤自杀，留下她老公错愕悲恸。

相反的情况，有个脸色光艳焕发的酒糟鼻女人，在躁郁状态下对老公需索无度，随时敞开她两腿间的宝贝，要求老公给她无限的体感满足。她老公故意把她的酒糟鼻拍了照，放大在告示板上，鼻头上有着一粒粒暗红色的柔软隆起物类似石榴状。女人一气之下，故意去找了一个与她同样症状的男人，日夜狂欢。她还振振有词编出了一个动人的宇宙旅行故事：根据古老的"相对论"计算，地球时间和宇宙飞船时间是不一样的，如果以接近光速飞行，太空中航行一年，地球就已过了二十年，在宇宙飞船上十二年，地球则已过了三百年，太空航行二十五年，地球差不多已过了一万年，航程时间持续越久相差越大。著名天文学家卡尔·萨根在几百年前便计算过，如果宇宙飞船接近光速，到距离两万五千光年远的银河系中心，二十一年便可以抵达；到两百三十万年远的仙女座银河系，二十八年就可以抵达；如果环绕已知的宇宙一周，五十六年就可以回来，但地球已经过了几百亿年，太阳早已熄灭，地球已成灰烬。这种近光速的飞行，如果是传统火箭所消耗的燃料是无法达成的。由于宇宙飞船与星球之间的相对论时间差距，"盘古号"宇宙飞船的远征中途，放出一对男女在陌生的星球上，等宇宙飞船重临时，这个星球已经发展成高度文明，达到七十亿人，有制造核弹、发射人造卫星和宇宙飞船的能力，他们不知道是祖先来访，对这些所谓的外星人施予严密警戒：

"这个故事，也是在隐喻地球人的古代历史。"她在类似催眠的蒙眬状态中说道。

不知是不是因为这个故事，团队情绪受到了影响，甚至医疗人员也不能幸免。指挥官苏武在惊慌中联系火星太空中心，讯号断断续续，无法正确发出。医疗人员出丑的情况很好笑：一对医生夫妇，被发现时浑身上下一丝不挂，两人大汗淋漓地抱在一起，昏睡在农园的花丛里。当有人叫醒他们时，他俩彼此互称亚当、夏娃，并大声叫着：

"我们在伊甸园里！别吵我们！"亚当暴怒咆哮。

自以为是夏娃的女人，妖娆的笑靥散发出满足的神采，从大腿到腰身盘着一条绿色树叶编织的蔓藤，她说是这条蛇在诱惑她认识自己的身体，茫然的眼神现出的问号有如星光繁多。

医师本人也觉得整个情况不对劲了，医师之间开始彼此相互看病，寻找帮助，那个高大英俊的男性总医师找了女医师诉说他面临的困惑：

"最近我老是被看病的人揍。"说话的总医师

两眼发白，两手不自主发抖，他已失去了自信，他本来是全科医生，但已经像他的病人一样得了精神官能症，面对着自以为身体散发啤酒味的女医师说起自己难为情的事。

总医师烧红灼热的眼盯着女医师的胸脯：

"……你不会相信的，我就是控制不了自己，不断地洗手，觉得双手太脏了，老是用手去做不该做的那档事……洗手次数太多，糟蹋了水资源……甚至克制不了自己的暴露欲望，总是穿着医师袍紧裹着身子，赤裸下半身，遇到漂亮女子，就在她面前猛然打开医师袍……"

说罢，总医师瞬间打开医师袍，露出两腿间凸出的男性利器，他的亢奋写在不知自豪或自卑的器官上和他涨红似将喷血的脸上。

女医师并没有因此惊慌失措，白了他一眼，没正面回答他的问题，环顾四周后对他说：

"小事情啊，当精神科医生如果不被打，就不算是医生呢。你听说过的，二十一世纪就流行这么一句话呢……"女医陷入片刻的沉思，脸上的红晕被墙壁上的湖光山色景观反影盖住了，眼前金星乱冒，她了解，精神病被认为是二十一世纪的三大疾病之一，其他两个是艾滋病和癌症，如今只剩下精神病是人类大患，没想到却在太空中遭遇大麻烦。

"但是我并不是因为这样被揍。"男医在亢奋中抖着手合起医师袍，遮掩了裸露的下半身，歪着脖子看她说，"病人不应该坚持他的看法是对的，这位病人说，他想把下蛋的鸡杀掉来吃新鲜的鸡肉，不想吃基因人造鸡肉，但他又知道这是违法的，所以在矛盾中挣扎受不了，最后咬了自己的手臂一口，血淋淋的，用他的血画了一张《蒙娜丽莎的微笑》……"

"你说的是小事，有一位病人说天上的星光是天幕破了数不清的洞洞，洞外有火在烧。这个太让我抓狂……"女医师忧郁起来，脸上的红晕转为阴霾，她开始哭泣，"最有概率能得精神病的就是精神病医师……"

>> 四、第五元素天人交感

火星基地中的程一平静静躺在太空意识中心的特殊实验椅上，进入冥想魂游状态。他头皮上黏附着许多感测电极，千亿脑神经的微细电流散发出去，意识精神随着射出的无数艘微粒芯片宇宙飞船，以近光速飞向太空深处，追踪"盘古号"下落。有的

微粒碰撞到其他天体或碎片而损毁，而那些还在太空中奔驰的微粒宇宙飞船从不同的角度将探测结果传回火星基地，超级计算机将信息组合成画面，拼凑出有效搜索目标，就在柯伊伯带的地方，这些原是太阳系碎片组成的许多冰封微行星，类似小行星带，但比小行星带更宽，海王星是这儿的最大天体，冥王星也在这个范围内。终于，在柯伊伯带发现了"盘古号"宇宙飞船。

"盘古号"在飘流状态中无任何反应，直到几十艘微粒宇宙飞船分别以三角定位方式搜寻到"盘古号"的空间位置，即将追上时开始减速，其他探测船则亦步亦趋地追踪着帮助传回信息，在微粒宇宙飞船相互观照交换信息之后，终于找到"盘古号"的暗能量收集器的吸收孔，只要有一艘微粒宇宙飞船登陆成功，便可以进行下一步搜救工作。二十一世纪初以来，物理学家的科技构想就已提出，单一的纳米机器人探测器（宇宙飞船），有能力利用当地的任何材料创造整座工厂或基地，甚至任何指定的东西，包括动植物。如今在纳米科技成熟发展的二十四世纪，这项技术有如魔法"园丁"，只要有一部极微组合机的"种子"，一等微粒纳米宇宙飞船发射抵达目的地，就可以将任何物质，不管是空气、阳光、沙土、岩石、木材、垃圾、动植物等任何物品分解组合，培育创造出所要的东西，包括整座工厂或建筑基地，或是宇宙飞船。这项技术也促成火星和境外的小行星、土星、木星卫星等太空基地得以顺利进驻开发，这也应用在"盘古号"太空岛的生活项目中，制造人造肉或任何用品。

程一平的神志攫住了一艘微粒船，顺利进入盘古号宇宙飞船内，钻入农场的废弃物堆里，就地取材，微粒芯片宇宙飞船本身就是一具纳米机器，内含制作程序，可以迅速复制再复制，展开神奇的魔法制作能力，当程序启动之后，在原子层级的复制之下，很快制作完成了以苏丽雯为原型的人体，并且穿上了简单的衣服。科学家说，几千年来，神的复活就是纳米科技的复制所为。

作为工程师的苏武，迷迷糊糊倒卧在计算机监测屏旁边，他的身边坐着昏睡的妻子，一个面容白皙的长发少女叫醒了老爸：

"小雯……你……你……"苏武犹如梦中，还以为见鬼了。

"我搭纳米芯片宇宙飞船来的。"小雯一语点醒了老爸，苏武的脑筋很快转过来，明白怎么回事

了。"爸，紧急危难啊，我们听到计算机发来的呼救赶来了。"仿真人小雯抱住苏武的身子，实际上，这也是程一平与过去的死对头拥抱。

本来昏睡在旁边的苏丽雯妈妈被摇醒了，经过一番解释，愣了半天说：

"小雯啊！妈妈抱你！妈妈抱你……"妈妈哭泣着，"计算机系统……失灵……！出了情况，一团乱……"

后到的微粒宇宙飞船，开始组合各种工具，进入管线进行维修工作，正如过去纳米机器人在人体里面所做的工作，保持人长生不老。经过一番整顿后，盘古号的自动监控计算机恢复工作，无所不在的计算机屏幕和扬声器发出警笛声，在每个角落嘟嘟响，接着发出警示和解释，同时把信息传回了火星基地的意识探索救援中心。

>> 五、时空涟漪人心骇浪

火星基地中的程一平半闭着眼，身边的苏丽雯紧握他的手，彼此手心相合，相互传递爱的温暖，两颗心灵贴合的密度，在意识交感中，两个人体和两颗心灵合而为一。计算机里传来了"盘古号"宇宙飞船计算机恢复运作之后的广播：

"各位旅客注意……一切即将恢复正常，大家可以清醒了。

"本来宇宙是不断加速膨胀，我们也侦测到膨胀得比光速还快的边缘。空间膨胀时，光波被拉长了。宇宙可见部分其实一百三十八亿光年的半径还大，光子行进的同时，行进的空间也膨胀了，估计在它到达可观测范围前依旅行时间计算，已经大到三倍距离，大约四百六十亿光年的半径……

"我们身处其间的物体不会变大……处在宇宙的皱褶波纹区域，经历快速急缩的震荡，正是通往虫洞未曾预估到的现象……

"最新的侦测发现，宇宙膨胀时，时空结构局部区域激起涟漪，也就是大爆炸的最初震颤延续，由搜集暗能量主导动力的'盘古号'宇宙飞船在通过时，局部波纹激烈扰动，区域空间挤压，我们正好处在宇宙膨胀转而收缩的局部临界点上。

"这是创世以来就一直存在的现象，占有宇宙总能量密度三分之二的第五元素——暗能量无所不在，像鬼魂一样无法触摸。宇宙加速膨胀产生的强烈冲击波来袭，暗能量产生了副作用。由于我们启用暗能量推进器，在太阳系外围产生了激烈震荡，

就像宇宙细微部分的涟漪波澜，影响了人类心智。

"宇宙大幅度不断膨胀打破了热力学第二定律现有的规则，小尺度胀缩扰动有如波纹扰动，在太阳系外围圈，重力透镜区域是对生命的严重挑战。地球、火星虽不明显，但难免会产生躁郁症、精神官能症、精神分裂症，肉体在对抗宇宙的微细波纹扰动，有人不堪负荷而失常，但也产生伟大超凡的天才和杰出人物，比如牛顿、哥德尔、托尔斯泰、狄更斯、贝多芬、达尔文、丘吉尔、林肯、米开朗琪罗、赵匡胤、朱元璋……"

显示屏出现了一句发人深省的话，还有霍金坐在轮椅上的照片：

宇宙沉默迅速地驶向毁灭，生命是唯一小小的反抗。——史蒂芬·霍金

太空中心每个人都同时念着霍金的名言，程一平紧握着小雯的手，心中感动无已，他喃喃自语：

"宇宙脉动联结了躁郁之心，宇宙呼吸也能掀起人心骇浪。"

>>《躁郁宇宙》的创作理念、故事梗概、灵感来源

人类中有一定比率患有精神病，就连精神科医师本身也不能幸免，统计指出精神科医师得精神病几率是常人的好几倍，精神科医师自杀者比一般人多好几倍，比一般医师自杀率更多好几倍。

本篇小说探讨人在宇宙中不可避免的宿命，由于现在的主流科学认为宇宙不断加速膨胀中，最后会在热力学第二定律中泯灭，而另一种说法"宇宙膨胀之后会再收缩回来"认为与观测数据不符，不可能。

小说假设宇宙某处局部空间中的细微扰动，膨胀收缩临界值发生变化，有如产生了宇宙涟漪波纹，影响了向外层空间移民的"盘古号"宇宙飞船（一艘由火星的第二卫星戴摩斯打造的宇宙飞船）上的人类，火星基地的太空中心派出纳米机器人微粒芯片宇宙飞船前往救援，它是由具有超感应力（意念力）的火星科学家所制，纳米机器人一到目的地，便可以就地取材，使用任何物质或废弃物制造出任何想要的东西，甚至仿生人……

小说中使用意念力追踪纳米微粒宇宙飞船是个人创意，考虑光速的限制问题，不能让盘古号宇宙飞船走得太远，只在太阳系外围被发现出了情况。

小说中也猜测地球人类本身的精神病人，也可能与宇宙有微妙联结，宇宙的膨胀收缩脉动，对应了人类精神病中的躁郁症。

关于生命与宇宙的关系，无神论科学家卡尔·萨根曾指出濒死经验的过程，看见白光是一个共同现象，萨根猜想可能联结了人出生的历程（从产道出来见光）和宇宙大爆炸产生的光，详见另一篇四千字的小论《科幻与灵异探索》。这篇小论一直不大敢张扬发表，私下担心有科幻作家看到了其中的点子写成科幻小说，如今我自己写成小说就比较放心了，不过这篇小说理应写成中长篇小说，才有更大的"插旗"的效果，且待努力吧。

本篇创作受到萨根的启发，我用小说扩充了萨根的概念。想了解萨根的概念和阐述，请看我的小论《科幻与灵异探索》。■

千年棋

作者 / 安蔚

>> 一

"这不公平。"国际象棋游戏界面打开的一瞬间，她说。

在游戏线路的另一边，恩吉斯"嘿嘿"地笑了两声："我也觉得不公平。你比我多了整整两百三十年来思考下一步。"

"胡扯！"艾拉愤愤不平，"两百三十年的睡眠，根本不可能进行正常的思考，而且还会让之前的思路完全混乱，没有彻底忘记下棋这回事已经是个奇迹。而你却可以连贯地思考。事实上，你思考的速度要比我快出几个小时。"

"说不定你在睡梦中也能想到一些妙招。"

"即使想到，也早就忘了。没人能记住持续两百三十年的梦。"

"我听那些专家说，不管你睡了多久，做梦的时间也就那么一小会儿……"

"那些专家有谁睡过两百三十年？整个儿宇宙的地球人中，只有我睡过这么久。"

"好吧，上次我听过你这样抱怨啦。"

"有吗？"艾拉语气有些含糊了，她对自己的记忆有些失去信心。

"艾拉，你没有说过。"T268及时地插嘴。

"嘿！"恩吉斯不满地叫了一声。

"我必须这样。"T268解释说，"并且对你提出警告。你故意混淆我主人的记忆，有可能会对我主人的心理状态产生不利的影响，如果你继续以这种方式说话，我会执行关闭通讯程序。"

"好吧，好吧。"恩吉斯无奈地说。

T268是艾拉飞船上的舰载电脑，即使过了六百多年，依旧尽职尽责，让人感动，也说明了T268已经十分老旧。不过，艾拉忽然想到，自己这个六百多年没碰过男人的老女人是一种怎样的心理状态，或许真的需要极为特别的关注。

艾拉把她的骑士往右上方移了一步，恩吉斯"精心布置"的小傀儡陷阱被轻而易举地击破了。

艾拉听见线路对面传来一声含糊不清的咒骂，报以一声轻笑，真想亲眼看看恩吉斯的一脸窘迫。

"我准备出舱了，你慢慢想。"

"我也要进入超光速跃迁，你下次醒来是什么时候？"那边的恩吉斯忙不迭地叫着。年轻人总是如此匆忙，他应该知道艾拉在飞船的任何地方都能听到他讲话，但还是生怕她听不到。

艾拉沉默了一小会儿，然后说："大概一百五十年后吧。"

"那么一百五十年之后再见。"

"恩，一百五十年之后再见。"

艾拉的心里又浮现一丝落寞。她没办法告诉他，有时在梦中，她会记起自己在做梦，漫长无比又孤独的梦。

艾拉的飞船，"先驱者"13号，人类历史上第一艘实际被运用的亚光速载人宇宙飞船，从地球出发至今已经过去六百多年。而恩吉斯的飞船，却只要三个半月的超光速跃迁——虽然在地球看来同样是经过数百年——就能追上她。

仅凭这一点，就让艾拉当年的无畏和勇敢，变成了令人无奈的悲哀。

六百多年，足以使人类忘记艾拉是世上第一个跨出太阳系的女英雄，星际开发联盟的董事们甚至不愿意派飞船把她接回来。若不是有一本突然出现的传记小说，将艾拉的自杀式冒险大肆渲染成为一种浪漫，在人群中掀起一场新的狂热，星际开发联盟才不会派恩吉斯去寻找艾拉呢。

然而最大的问题是，以恩吉斯出发时的科技水平，在茫茫宇宙中，他能找到艾拉的可能性几乎为零！唯一可以让他们汇合的地点，就是艾拉此行的目的地——类地行星"亚眠"。

>> 二

艾拉回到舱内时，已经是两个小时之后，情况比她想象得更糟，四个天线中有三个被陨石撞坏了。另外能源转换器的关键部位也几乎报废，她不禁怀疑自己临时制作的零件能坚持多久。

专家们高估了人造机械的坚固程度，又低估了宇宙中危险的密集程度。

或许，这次旅行的终点已经不远了。亚眠星已经变得遥不可及。

而且，她几乎不可能跟恩吉斯继续下完那盘棋。

艾拉在二十岁之前，曾经连续三年参加利纳雷斯国际象棋大赛，论实力，战胜恩吉斯轻而易举，有几次甚至看到恩吉斯从棋谱上照搬过来的招数，她都不禁莞尔。但她故意拖延，让那盘棋下了很久。

艾拉决定在休眠之前给 T268 编制一套新程序，让它模拟自己下棋和对话的风格，跟恩吉斯继续下棋。艾拉想象着有一天，恩吉斯的飞船终于追上自己的飞船，结果却发现跟他下棋的只是一台电脑，而艾拉早已经死去。恩吉斯会有怎样惊愕的表情呢？

在编制程序的空当，她把一台虚拟网中继站放置在一颗小行星上。到达亚眠星之前，这样的中继站至少还需要放置三台，她才能保持与恩吉斯之前的联系，以及……与地球之间的联系。但愿 T268 能独自完成放置中继站的任务……

最后，艾拉决定去休眠了，数据显示她一眠不起的可能性高达 99.76%，但身体却能完好保存下去。

再见了，我的小朋友恩吉斯。我很自私地希望你能为我伤心，别让我失望。

>> 三

艾拉出发后只过了一百五十多年，超光速跃迁技术就发展成熟了。又过了一个半世纪，连能源问题也解决了。恒星际旅行变得轻而易举。而在最近一次和地球的通话中，艾拉了解到星际移民的大潮已经开始。而且那些移民不再被看作英雄，他们只是些在地球上混不下去的人，试图到另一个星球上碰碰运气，就像当年大批穷困潦倒的人移民美洲一样。

第一个发现新大陆的人是英雄，而后来者很可能只是一群废物。

如果英雄的步伐太过缓慢，竟然在一群废物之

后才到达新大陆呢？

她曾经做过一个很可笑的梦。梦见飞船被一只巨大的机械蜘蛛抓住。机械蜘蛛的一只眼睛伸出来，透过飞船玻璃，伸到她面前，对她叫嚷着：

"女士，我发现您没有星际飞船驾照，并且飞船航速低于星际高速公路规定速度，根据星际航行管理条例第四条和第十七条规定，将对您处以一千元罚款，以及一个月的社区服务。请在三天内返回地球，接受处罚。这是您的罚单。"

对恩吉斯提起这个梦时，艾拉大笑。而对方却默不作声。

在漫长的睡眠当中，艾拉心中的那份荣耀早已荡然无存。现在支持她继续前进的，是另一种情感。

那是一种莫名其妙的责任感，就像她小时候看到躺在路边颈骨折断而死的猫。她会觉得，那是她的责任，那是她的错，她必须为此感到难过，感到悲伤，这种悲伤甚至会在她的一生中如影随形，比任何记忆都更加固执地待在她的思想中。

同样，她不希望给恩吉斯留下任何不好的印象。在活着的时候当一个合格的伙伴，陪伴恩吉斯的旅行，无意识间成为她责任感的一部分。

艾拉躺下后，迷迷糊糊中听见 T268 的干冷声音在耳边响起。

"我有一个不幸的消息。"没等艾拉有任何反应，谜底便揭开了，"根据刚刚收到消息，恩吉斯先生的飞船撞到了某种不可探测物质，出现严重损坏。我收到的最后消息，是舰载智能电脑传出的求救信号，希望在恩吉斯先生的飞船附近航行的飞船能前往救援。我认为我们的飞船没有任何救援能力，建议您按照原定航线继续前进。"

艾拉目瞪口呆地躺在那里。恩吉斯竟然出事了！比她更早，这怎么可能！恩吉斯的飞船比她的先进一万倍，如同载人飞船和载人风筝之间的差距，但他却在她之前出事了！

"飞回去。"艾拉脱口而出。

"但是……"

"重新规划路线，我们去救援恩吉斯。"

"艾拉女士，我必须提醒你，这没有意义，以这艘飞船的速度……"

"别告诉我要多久才能飞到那里！我不想知道！"

"闭嘴！"艾拉从睡眠舱里爬起来，"我们本来就在做没有意义的事，多做一件也没什么了不

起。"

"好吧。"T268的口气竟然带着某种无可奈何，"飞船需要进行一些必要的加固措施，预计将有两个小时的出舱作业。"

"知道啦。"艾拉不耐烦地说。

让他妈的亚眠见鬼去吧，无论如何，她的飞船都要往回飞了！

>> 四

艾拉再次从睡眠中苏醒时，却发现这次仅仅睡了十一个小时。

"又出了什么事？"艾拉问T268。

T268立刻回答："前方二十一万六千亿立方光年的范围已被划为禁区，我无法判断是否继续前进。"

"禁区？"

"是的，主人。"

"你怎么知道那里被划为禁区了？"

T268的回答却让艾拉一阵茫然："是中继站传来的一条消息。我自带的语言翻译系统刚刚破译了这条消息。"

艾拉猛然意识到这意味着什么：T268携带的语言翻译系统是地球上的专家针对艾拉可能遭遇外星人这一情况而设计的。尽管根本没人对这套系统能否翻译外星语言存有半点信心，但它却奇迹般的成功了！

"具体内容是什么？有没有解释为什么前面的区域会被划为禁区？"

"没有解释，信息中仅仅说前面二十一万六千亿立方光年的范围被划为禁区。这条信息用34914种外星语言重复播放，所以我才有机会破译。"

原来如此。

"恩吉斯飞船发生事故时的坐标在这个区域里吗？"

"在的。"T268回答，"根据这条信息附带的一些参数，禁区的设立时间刚好是在我们脱离这个范围的时候，我们很幸运。否则，我们也有一定概率遭遇和恩吉斯飞船同样的事故。"

"向这个区域发射两颗微型探测器。"艾拉命令道。

"好的，但我必须提醒您，我们的微型探测器是为探测亚眠星准备的。"

"让亚眠见鬼去吧。立刻发射！"以这艘飞船

脆弱的结构根本不可能再飞向亚眠星了。

"是，主人。"T268干脆地应道。

艾拉从舷窗看见两颗闪着微光的小白点拖着一条转瞬即逝的蓝色尾巴，消失在飞船前方的黑暗中。

四个小时后，T268的声音再度响起："探测器一号和二号都已到达极限探测位置，没有发现任何异常。事实上，它们什么都没有发现。"

这种情况在艾拉的预料之中，如此巨大的范围，扔出两颗行星探测器，跟往大海里扔两粒灰尘没什么区别。仅仅证明了前方不是一步迈进就会死的恐怖深渊。

"那条信息里应该附带了这个禁区的范围参数吧？"艾拉问。

"是的。"T268回答。

"在星图上显示给我看。"

"好的。"

经过短暂地运算之后，一个立体星图出现在艾拉面前，禁区被标示为浅红色。看上去接近一个扁平细长的扇形区域，几乎覆盖了地球所在的整个儿银河系旋臂。另外，这个区域与银河系是相对静止的，也就是说，它随银河系旋转。

"说不定地球已经遭受了灭顶之灾……"艾拉喃喃着。

"没有，因为我还可以跟地球保持联络。"T268的回答竟让艾拉感到有些失望，"根据我对那条信息的34914个语言版本分析，'禁区'这个词的概念仅仅包含了禁止进入的意思。威胁感并不那么强。禁区内的危险会增加，但并不意味着完全无法生存。"

"也就是说，划定禁区的外星种族属于爱好和平的那一种？"

"关于这一点，目前掌握的信息还不够充分，无法判断。"

艾拉叹了口气："你和地球联络时，地球那边怎么说？"

"他们也收到了这样一条信息。整个儿星球正在进入全面警戒状态，按照他们的说法，一级警戒状态。另外他们还说，希望你能顺利到达亚眠星，绝对不能冒险进入禁区。因为……"T268仿佛是故意停顿一下，"你是目前为止唯一一位处在'禁区'之外的地球人。"

艾拉冷笑一声，难道他们打算让她独自一个人将地球人的血脉繁衍下去吗？

"主人，刚刚有条来自地球的新消息，您要听吗？"

"说吧。"艾拉无奈地回答。

"有三艘地球的飞船即将飞出禁区范围，如果有可能的话，希望能跟我们会合。"

艾拉一惊："三艘？"她立刻想到了恩吉斯。

三艘飞船全息图和飞船编号一起出现在艾拉面前，都是三十年内从地球出发的飞船，这些家伙飞得可真快，可惜没有一艘飞船上有恩吉斯。

所以，他们真的超过了恩吉斯，而且不出意外很快就会超过我，噩梦几乎就要成真了！我的小朋友恩吉斯，在这数百年里我们究竟在些做什么啊！

艾拉感到眼前的一切变得有些恍惚，把眼睛闭上了一小会儿，睁开后发现那三艘飞船上仅有 4 名地球人船员，其他的都是生化机器人，总数近百的生化机器人。而且这四名船员无一例外都是男性。怪不得他们迫不及待地希望能够与艾拉会合。

但艾拉完全没有这样的打算，甚至对这些人立刻产生了难以抑制的厌恶。他们没有一个是恩吉斯。她当然不可能在这么短的时间里就对恩吉斯产生所谓爱情，但她至少不讨厌恩吉斯。恩吉斯远航的唯一目的就是为了找她！而那四个带着一大群生化机器人远航外星的家伙……她怎么也无法接受与其中任何一个人组成"亚当与夏娃"的想法。

"我收到了三个请求通话的信息，是否接受？"T268 说道，"是从这三艘飞船上发出的。"

艾拉果断地说："全部拒绝。"

"好的。"

艾拉叹了口气，她意识到，这样的拒绝，顶多只是拖延时间罢了。在未来的日子里，她可能会耐不住寂寞，最终不得不跟这四个人类中的一个进行交流。如果地球人类就此灭亡的话，说不定她内心中潜伏的那种该死的责任感会迫使她和其中一个人类走到一起，承担起繁衍地球人的重大责任。

"我们走吧，去找恩吉斯。"艾拉说。

这次人工智能没有反对。

然而，当艾拉来到休眠舱前时，却发现有个人站在那里。

确切地说，那是一个蓝色的人影。

艾拉不自觉地后退了一步，因为没有引力，她立刻撞到身后的舱壁上。

"你好，地球人。"对面的蓝色人影用非常精确的英语说道。

"你好。"艾拉用干涩的声音回答。

"我想，你的人工智能已经告诉过你禁区的事。很抱歉，没有用你的母语发送这条消息，出于对你的尊重，我们决定亲自来这里跟你打声招呼，希望你不要介意。"

"哦，好吧，我知道了，谢谢！"连艾拉自己也不知道，为什么要说谢谢。

"我和我的朋友准备在禁区内进行一场战争，事实上，这场战争已经开始了 3.3 个标准时间。希望这场战争没有给你带来任何麻烦。"

"没有，不用介意。"艾拉尽量跟对方一样客气。确实没什么太大的麻烦，只不过有可能毁掉自己的母星，有可能失去唯一的朋友，以及有可能增加四个潜在的男性追求者。

"我必须提醒你，以你这艘飞船的航速，即使全力飞向相反的方向，也将在 456 个标准时间内，陷入禁区内。"

这么说禁区还在不断扩大！

"所以，我有一个不错的建议，你是否愿意听听？"

"好吧。"艾拉没别的选择。

"根据宇宙标准法，我们的战争需要一个第三方裁判。不幸的是，我们的第三方裁判在不久前因为意外被湮灭，即使通过时间潮汐救回来，也要经过六亿多个标准时间。同样根据宇宙标准法，我们需要一个最邻近禁区的智慧生命体作为第三方裁判。我们发现，在一百二十八个空间尺度内，你是唯一达到标准的智慧生命体。所以我们不得不请求你作为我们的第三方裁判，但愿这没有打扰你的旅行。当然，我们也会支付给你一些报酬，比如……一艘飞得更快一点的飞船，或者直接将你送到目的地。"

"哦，好吧，可是，我并不了解……"

"我知道你以前并未参与过这样的战争。我会在接下来的一段时间内，向你解释这场战争的细则。希望你能在 9.91 个标准时间内拥有足够的能力作为本次战争的第三方裁判。否则我们的战争将被判无效，那样会对我们双方都造成巨大而无法弥补的损失。"

我只在乎能否找到恩吉斯，你们让地球在一场无效的战争中毁灭我也不介意！

"好吧。"艾拉刚说完，一大堆资讯便蜂拥进入她的大脑，她几乎还未来得及感觉到痛楚，就昏了过去。

>> 五

艾拉的身体悬浮在裁判中枢里，全身赤裸，仿佛新生一般。裁判中枢的自适应系统已经根据她的生理特征重新规划，让她可以继续生存数百年，甚至上千年，直到战争结束。

刚开始，她有些苦恼排泄物的问题——如果包裹她身体的液体中混入了她的排泄物……这念头只是一闪而逝，便已经让她感到十分恶心了。不过中枢系统很明显考虑得比她多，她身体内的细胞代谢物直接透过皮肤排出体外，根本来不及形成任何排泄物。这让她的内心稍微好受了些，并且很快地适应了一切。但她因此也明白了一点：本质上来说，她已经算不上是个真正的地球人了。

她的意识甚至覆盖了整个战场！

全部二十一万六千亿立方光年中的一切都展现在她面前。这是一个庞大而又精细无比的巨型网络才能实现的壮举。

这场战争的士兵是一种特殊的黑球，无生命，大小固定，质量固定（大约相当于 0.35 个太阳），可以进行跨越整个战场的空间跳跃，可以互相"吞吃"对方，但吞吃的过程却不会让质量增加。艾拉下意识地将这些黑球看作棋子，事实上无论从哪个角度看上去，这场所谓的战争都更像是一盘棋局。

几乎所有恒星——包括变星、红外星以及恒星演变而来的致密星，只要是超过一定质量和密度的星体——通通被外星人归类为"阿尔法级星体"，只有"阿尔法级星体"可以对黑球的棋局产生影响，因为棋局规则无法忽视这些星体质量产生的作用，只能将之通通包含在规则之内，也让许多接近黑球质量的"阿尔法级星体"成为棋局双方都可以利用的棋子。因此，黑球出现在这些星体附近的概率极高，对于在这个区域内的一切生物来说，都不是什么好消息。

当然，艾拉也注意到了地球，注意到了太阳系与黑球的十三次接触。前三次，黑球仅仅是和太阳系擦身而过，数个殖民小行星和空间站被毁灭，上亿人化为尘土。地球人肯定针对黑球做出了某种防御，但她并不熟悉那种防御方式。地球人似乎在扭曲空间技术方面取得了一些远远超越她那个时代水平的成就。他们试图通过空间扭曲让所有黑球绕过太阳系，这种做法产生了一些效果，棋局规则认为

这里出现了极大质量"阿尔法级星体"，使得黑球出现的频率降低不少，但仍未到完全为零的地步。

其后的九次接触，太阳系已经面目全非。地球远离之前的轨道，环境变得极为恶劣，但仍旧顽强地存在着——地球人认为只要地球还存在，就有复兴的机会。

第十三颗黑球却直接击中了太阳。地球原本会在太阳爆发的火焰中灰飞烟灭，但扭曲空间技术再次拯救了地球人千疮百孔的故乡。地球奇迹般的飞离了太阳系，获得了短暂地喘息机会。

然而，随后却有数百颗黑球出现在地球周围，组成一个庞大的阵列，将地球人制造的扭曲空间当作棋局中一个小型陷阱，并把地球本身当作某个超重致密的"阿尔法级星体"。当另一群黑球出现并与之前的数百个黑球开始厮杀时，地球人终于失去了对扭曲空间的控制。引力场变得极度混乱，地球很快被卷入其中，被撕成了碎片。一些地球人逃了出来，但没人知道他们中有多少人能在这场持续上千年的灾难中幸存。

地球的毁灭对艾拉的意识影响，比一阵微风扫过衣角的感觉大不了多少。她必须时刻关注着整个儿战局，那里有两个超级智慧生命体指挥共计十三万四千亿颗黑球在疯狂战斗。而且还有更多、不计其数的智慧种族在拼命挣扎着，试图在这场战争中获得生存的机会。

>> 六

距离银河系银心区大约一万光年的地方，那里比地球所在的银河系旋臂边缘拥挤得多。艾拉注意到一个由四颗恒星组成的聚星系附近，出现了无数五颜六色的光点，不同颜色的光点彼此区分开，组成庞大的阵列，而所有阵列都面向不远处五个死一般沉寂的黑球。

艾拉意识到，那是某些外星人的战斗飞船。这些外星人种族明显比刚刚开始星际移民的地球人强大得多，却未能获得地球人在扭曲空间技术方面的飞跃。这些种族早已在星际移民中彼此接触，或敌或友。但今天，他们却不得不彼此联合在一起，共同对抗随时可能把他们彻底毁灭的黑球。

艾拉为他们感到悲哀：或许连他们自己也知道，他们的抵抗根本产生不了任何作用，而仅仅是一场垂死挣扎。史诗一样的最后远征，总是以悲剧落幕。

当那些庞大阵列中的能量蠢蠢欲动，准备对那

五个死一般的黑球发动最强攻击时，第六颗黑球却突兀地出现在彩色阵列的中心处，数个最耀眼的光点一瞬间被吞噬，甚至来不及迸发出最后的光芒。

黑球的引力让外星种族的联合大军顿时一片混乱，一些弱小的种族开始逃窜，另一些做出更糟糕的举动——盲目地攻击。

紧跟着，大量黑球出现在那片空间内，似乎是针对外星人的舰队展开的一场突袭。

然而，艾拉却知道，这些黑球仅仅是刚完成了超光速跃迁，到达预定的位置而已。事实上，在这场历时上千年的棋局中，黑球的大部分时间都消耗在超光速跃迁当中。当棋局结束时，很多黑球才刚刚到达指定地点，这与中国围棋倒是有些相似。

黑球们的敌人是彼此，是阿尔法级星体。而外星种族的联合大军不过是它们前进路上碾过的蝼蚁，无论是舰队的质量还是他们的攻击，对黑球都无法造成任何威胁。超级智慧生命体甚至根本没有意识到那片空间中，曾经发生过悲壮而无奈的抵抗。

这片空间原本就存在的五颗黑球开始活动，与这个区域里的四颗恒星组成了一个奇妙的活动体系，让四颗恒星成了引力作用下的牵线木偶。这个九星系统可以通过引力将敌方的黑球控制，使其撞向同伴，造成敌方黑球的互相吞噬。

这是一个精妙的绞杀机器，用极端高效的手段把刚刚完成超光速跃迁的敌方黑球消灭。直到敌方黑球出现的频率越来越快，最终形成压倒性的优势，破坏掉九星系统的引力平衡。

至于聚星系内的原住民，大多数人在气候忽然变暖或变冷的时候就已经死去，剩下的人也大都没能逃脱厄运。只有极少数人带着悲痛，幸运地逃出这个可怕的死亡陷阱，踏上了无尽的流浪旅程，再也不可能回到自己的故乡。

任何战争，交战者都只会统计战士和平民的伤亡，谁会在乎死了几只猫猫狗狗？

艾拉又将注意力转向银河系的边缘。在那里，艾拉看到了上百头平均质量接近三个太阳的黑色梭形生物，正在飞快地逃离。很多宇宙生物对危险有着天生的预感，在超级智慧生命体的棋局刚刚开始时，它们就已经意识到了危险，并且开始拼命地逃离银河系。而艾拉看到的，是一个由上百头巨型宇宙生物和无数寄生生物组成的小部落。

这些庞然大物组成一个和它们躯体形状相似的梭形阵列，占据了超过五十个太阳系大小的宇宙空间。它们的躯体太过庞大，必须小心翼翼地不能太过靠近彼此，否则单单摆脱彼此间的引力就要耗费巨大的能量和漫长的时间。它们的躯体完全呈黑色，周围也并没有什么恒星，在这样的距离下，距离最近的同伴也不过是视野中的一个小黑点，几乎无法通过视觉看到。这些大家伙之间的联络依靠的是不断向四面八方发射的中微子"声波"，整个儿部落个体之间的沟通缓慢而低效。

艾拉知道，这些大家伙注定不可能逃出银河系，它们无法超越光速，更糟的是，它们中哪怕最小的幼体，都已经达到了"阿尔法级星体"的标准。

不出艾拉所料，这支宇宙生物远征队在经过两百多年的长途迁徙之后，终于遇到了麻烦。处在队伍最前面的那头远远超出成年个体平均体型的巨兽，忽然对茫茫太空发出一连串疯狂的"嘶鸣"。无数中微子潮水一般汹涌地扑向其身后的上百族人。

裁判中枢为艾拉翻译了中微子"声浪"中包含的信息，基本上只有一个内容："快逃！"

不知从何时开始，作为领航的头兽，它的导航系统受到了微弱的干扰。当它发现时，它已经带着它的部落一头撞进了一个双星星系。

警报发出得太晚了，双星的引力平衡已经被打破，两颗恒星沿着一个螺旋轨道坠向彼此，而领头的巨兽也在撞向它们。尽管这只巨兽用尽手段改变航向，但早已失去了逃出生天的最后机会。

三颗阿尔法级星体猛烈地撞击后，形成一大片物质云，吞没了这个双星星系，紧跟而来的两头宇宙巨兽也在疯狂爆发的辐射中失去了生命。两头巨兽的躯体与物质云相撞之后，这片空间便开始塌陷，一颗黑洞就此诞生，灾难也随之拉开序幕。

随后而来的太空巨兽们都在努力改变航向，而处在更后方的巨兽却还没有收到中微子"声波"的警报，依旧按照原来的路线前进。梭形的队伍从中间开始向四周膨胀，逐渐接近一个球形，接着变成一个碗形，刚好把黑洞区域裹了进去。已经没有一头巨兽处在黑洞引力的安全区域之外。

随着第四头宇宙巨兽因为力竭坠入黑洞，接着第五头、第六头、数头、数十头，最后整个部落的宇宙巨兽都跌入了黑洞。

此时的黑洞质量，已经到达了一个相当恐怖的数值，其周围的时空扭曲也已经达到连超级智慧生命体都感到畏惧的程度。黑洞附近的一条超光速航线被巨大的引力扯断，成百上千的黑球被拖出超光速跃迁状态。

数百颗黑球立刻被黑洞吞没，只有少数因惯性被甩出去，幸运地逃脱。质量再次增加的黑洞又将另外两条超光速航线扯断，大量黑球被引力强行拖出来，直到超级智能生命体发现了这个陷阱，修改黑球的超光速航线，才阻止了己方的黑球被继续屠杀。

不过此时已经有上万的黑球被黑洞吞噬，黑洞的质量也已经达到极限值，于是再度崩溃，巨大的能量爆发出来，成为宇宙中最耀眼的星光之一，就连那些已经逃走的黑球，也在尾随而来的能量风暴中被彻底摧毁。

类似的事情，在银河系的这条旋臂中又发生了很多次。

如果没有发现有颗黑球不对劲儿，艾拉可能已经因为内疚而死去。她通过扫描重新发现那颗失常的黑球，发现黑球上黏着一艘飞船，那是恩吉斯的飞船。接着，她便决定不惜一切也要保护恩吉斯，继续隐瞒这颗黑球的存在，哪怕这意味着她可能因为破坏棋局的公正性而被规则泯灭。

>> 七

恩吉斯的飞船在被黑球引力捕获的那一瞬间，本该被毁灭了。但人类刚刚起步的扭曲空间技术奇迹般地救了恩吉斯一命，也让黑球变得不正常了。艾拉把那个黑球表面的重力加速度降到一个 G，并将之藏了起来。

其实把一颗黑球藏起来并不难，只要把它藏入超光速航线中，直到棋局结束就可以了。而且这也是让恩吉斯能活到最后的唯一方法。艾拉怀疑那两个超级智慧生命体是否会注意有个棋子不见了，就算注意到了，他们会在乎吗？

在恩吉斯进入超光速航线，与艾拉中断联系前，还在像个孩子一样兴奋地追问各种事情："那么银心区究竟有什么呢？宇宙有尽头吗？外星种族都长成什么样子？宇宙巨兽有很多吗？"

艾拉哭笑不得："时间不多了。"

"至少要回答我一个问题！宇宙的真相是什么？"

"宇宙的真相？"

"按照我们地球人的说法，宇宙诞生自一场大爆炸。"恩吉斯补充道，"但我认为那不是真的！"

艾拉叹了口气："这种推论基本上是正确的。但我们的错误在于，认为现在的宇宙是爆炸的结果。"

"总不可能反过来吧？"

"在超级智慧生命体中间，一直流传着一句俗语：宇宙是一团被浓浓烟尘包裹的烈火，而我们只能看到飞溅在眼前的火星。也就是说，宇宙大爆炸确实存在，只是现在的宇宙就是这场大爆炸本身，大爆炸从未真正结束过。我们眼中的无数星系，不过是宇宙中心大爆炸飞溅出来的火花。而无数恒星，是这些火花再次爆炸后，飞溅出来的更小火花。"

"也就是说……"恩吉斯张口结舌，"银河系中心，甚至宇宙的中心……其实只有一个星体？这怎么可能？"

"宇宙的中心我不知道，资料库里也没有确切的资料。但资料库对银河系的中心有精确的描述，那是一颗巨大无比的星体。"

"但如果是那样，这颗星体的寿命会很短，早就应该塌陷成黑洞。"

"不，不，我知道你说的是什么。你说的是巨星或者超巨星之类的玩意儿，大多寿命短暂，徒有其表。但我说的这个本来就很大的大家伙，它的内部仍有足够的氢。超级智慧生命体一般把这类星体称为'贝塔星体'。为了方便，我暂时就叫银心区的这颗为银核吧。银核表面的温度很高。对于交战双方来说，往银心区派遣任何黑球都毫无意义！因为黑球到了那里就会被立刻焚烧干净。"

然而在大约百年之后，艾拉却得到一次机会，将意识延伸到了银河系中心，看到了只有超级智慧生命体才能看到的景色。

在整个棋局中，仅有一颗黑球深入包裹住银河系中心的尘埃层，把裁判中枢的探测触手导入那里。即使是以超级智慧生命体的科技制造的探测触手，在银心区的高温下也无法坚持超过 1.4 毫秒。但凭借裁判中枢强大的信息传递，艾拉还是感觉到，自己仿佛拥有百年的时间，去研究银心区的许多细节。

首先，透过茫茫一片宇宙尘埃，伴随着仿佛漫漫无尽的黑暗，感受到各种辐射的不断增加，而温度也在意识冲出那层尘埃的一刻猛然暴增。整个视野都被耀目的蓝色光芒充斥，让人产生出立刻回头的本能，逃回那本该令人讨厌的尘埃层。当艾拉终于适应这个高温核聚变地狱，才发现这个巨大的蓝色星体，更像是一块松散的曲奇，一块块形状不规则的燃烧区域中间密布着宽窄不一的裂缝。裂缝中填满低温的星际尘埃，并且在周围燃烧区域不断地挤压下消失或者诞生。

艾拉的意识继续向银核内部前进，发现越往里面，由气体组成的星体密度就变得越均匀，因为旋转速度不同，很明显地区分出几个层次，越往内层，核聚变就越猛烈，温度也就越高。裁判中枢的探测触手并没有太过深入，也根本无法深入，事实上它接触的仅仅是银核的表皮而已。在有限的时间内，它只能带着艾拉往银核的两极前进。

在银核的两极，巨大的氢气气流携带着蓝色的巨焰，犹如骇人的地狱喷泉一样，咆哮着喷出星体表面，洞穿尘埃层，夹带着尘埃层大量的物质，冲入宇宙空间。随着温度不断骤降，高温气流开始瓦解，在自身的引力下密度变得不再均匀，而部分区域在引力作用下开始凝结，最后形成旋转的球体，因密度的剧增而温度升高，开始产生较为猛烈的核聚变，成为宇宙中一颗颗耀目的恒星。这些恒星与那些因为太过稀薄而未能凝结的气体，以及从尘埃层中夹带而出的尘埃，共同组成银河系两条最大的主旋臂。

主旋臂中的众多物质，尤其是恒星，因为交叉旋转，无法一直停留在原来的位置上，逐渐被甩出主旋臂，形成一条条次旋臂。而自银河系诞生至今的一百四十亿年漫长岁月中，已经诞生出二十二条次旋臂，最初诞生的几条次旋臂，甚至已经被主旋臂追上，再次融合为一体。

银核每隔一段时间就会爆发一次猛烈的潮涌，自两极向外喷射的能量和氢气突然暴增，每次大约仅仅持续一分钟左右。记录中银河系最大规模的一次潮涌也仅持续一分十三秒。但就是这短短一分多钟的潮涌，却足以对银河系中的一切产生巨大的影响。如果有人有能力观测两条主旋臂，就会发现，其实位于主旋臂中的恒星大都很年轻，那是因为每隔一段时间，主旋臂的恒星都会被银核潮涌的巨大能量毁灭。潮涌期结束后的很多年里，主旋臂内都会以气体和尘埃为主，慢慢才会有恒星出现。因此，类似太阳这种年纪的恒星，只有在次旋臂中才会出现。这也是超级智慧生命体的棋局绝对不会选择在主旋臂中进行的原因。

然而所有旋臂，包括其中所有一切，相较于银核来说，都不值一提，它们只不过是银核散落在宇宙中的一些火花罢了。

而银河系本身，也只不过是宇宙中心那个更加巨大的星体散落在外的一颗细小的火星。就如那句超级智慧生命体之间流传的俗语所说：

宇宙是一团被浓浓烟尘包裹的烈火，而我们只能看到飞溅在眼前的火星。

艾拉的意识离开了银河系中心，处在裁判中枢的她，只需要轻轻挥动一下指头，意识中的银河图景，便会被数学模型转换成另一种极简的模样——由三维空间加一维时间换算成的一张膜。对于很多地球人来说，或者说曾经存在的许多地球人来说，这张膜都极为熟悉。那是他们接触到扭曲空间技术的钥匙，让他们进入原本只有超级智慧生命体才会进入的领域。不同的是，在裁判中枢，艾拉能够真真切切地看到这张宽广无比的膜，银河中的一切都被包含在这张膜上，任何具有质量的物质，都会让这张膜凹陷下去，质量越大，凹陷的就越深，而一切物质由于本身的惯性，都在这张膜上试图沿直线向前匀速运动，结果便落入那些凹陷的区域，这就是引力。若是黑洞，则可以像针一样，将膜直刺下去，在膜承受能力达到极限前，将膜拉扯出一个深深的管道，宇宙中的一切都无法从这深深的陷阱中逃脱，直到某一天，膜被针刺破，大部分质量到达膜的背面，少部分质量随着膜的反弹回到正面，让观测者看到耀眼的强光。是的，这张膜是有背面的，黑球便来自膜的背面，我们看到的黑球，触摸到的黑球，只是黑球投影到膜正面的影像。所以，黑球无法被消灭，能够消灭黑球的只有黑球。对于超级智慧生命体来说，由裁判中枢计算出来的这张膜，才是真正的棋盘，这便是千年棋局的真面目。

地球人是很幸运的，他们在很久很久之前，就已经找到了了解这个宇宙的正确道路，并且沿着这条道路不断前进，若给他们时间，必定能到达更高的层次。他们会意识到，类似银河系中心，甚至宇宙中心，这种特殊物质存在的可能性——庞大到不可思议的星体，其质量已经和膜的表面应力达到平衡，无法像针一样穿透膜，才能继续这样存在下去。

时间又过去数百年，两个超级智慧生命体的棋局终于结束，而谁胜谁负对于艾拉来说，无关紧要。

与裁判中枢分离时，艾拉被告知，大部分战争区域都已不再适合智慧生命居住。不过，她得到了一个意外的奖励——亚眠星。

到达亚眠星后，艾拉几乎可以肯定，那三艘尾随她前往亚眠星的飞船一个都没有幸存下来。她甚至不曾浪费精力去寻找过他们。

于是，她成了第一个到达亚眠星的地球人。

>> 八

恩吉斯的飞船终于跳出超光速航线，数百年的光阴再次被他抛在身后，与黑球脱离后不久，飞船终于出现在亚眠星附近。

恩吉斯放出仅有的三个探测器，对亚眠星进行了一次粗糙的检查。

然后他就发现了她所在的坐标。毕竟他们都是人类，只要对气候、地形、植被等一系列因素做一个简单的分析，就能大概确定对方可能的定居点。

飞船降落的过程相当惊险，险些机毁人亡。

舱门自动打开后很久，恩吉斯才从一堆破烂中爬起来，后背还在阵阵作痛，胃里也在翻江倒海，意识模糊的同时，还必须竭力忽略刚才掉进他嘴里的究竟是什么东西。

恩吉斯从舱门径直掉落到地面，差点把刚刚愈合的肋骨摔断，晃晃悠悠地站起来，才发现飞船的着陆点比预计的更加靠近艾拉的定居点。如果着陆系统再晚一点启动，估计已经砸到对方的房子了。

这样的后果就是，恩吉斯的降落，不可能不引起对方的注意。

果然，当恩吉斯走向那间小屋时，看见小屋门口摆着一张小桌，桌旁坐着一个年轻的女人——是的，很年轻。恩吉斯原本以为，即使千年前人类的冬眠技术已经很完善，但经过如此长时间的旅行，她的生理年龄也应该将近四十岁。然而，她看起来却如此年轻，甚至比传记封面照片上的人，还要年轻一点。恩吉斯后来才知道，这个女人的身体被外星人重构过，抹掉了一切岁月的痕迹。

她坐在那里，精致的面容保持着淡淡的微笑，金色的长发很随意地扎成一束，拂在微微隆起的胸前，身着浅蓝色的连衣裙。连衣裙没有任何接缝，裁剪也更加随意，是千年前地球上曾经极为流行的款式。白玉般的手臂露在衣服外面，裙子随风摆动的时候，她的身体看上去非常单薄。

恩吉斯在她对面的椅子上坐下，看见桌子上摆着那盘国际象棋，棋盘旁边还摆着两只造型粗糙的杯子，里面盛放着某种绿色的液体，散发着凉丝丝的清香。恩吉斯盯着那盘棋看了一会儿，还有些晕晕乎乎的大脑竭力回想遭遇黑球之前，他准备走的那步棋，一步妙招。最后他拿起唯一的城堡，笔直

地走了一步。

对面的女人很随意地往棋盘上扫了一眼，拿起皇后也走了一步，毫无阻拦地直达棋盘底部，随即她露出洁白的牙齿，从此让恩吉斯魂牵梦绕。

"将军！"

来自互动娱乐的蔚蓝色畅想

科幻游戏中的海洋世界

作者 / 老黑

对人类而言，海洋和太空，这两个科幻题材代表的正是人类认知范围的两个相互对立的边界：一个指向人类世界幽暗的内部，一个指向人类世界渺茫的外部，二者均为我们的日常经验难以触及的未知地带。科幻如此，游戏亦如此。

1960 年 1 月 14 日，瑞士物理学家皮卡德和美国海军人员沃尔什乘坐深水潜艇"的里亚斯特 2 号"，在世界最深的太平洋马里亚纳海沟深潜到 10916 米的海底时，拍摄到了一条长约 30 厘米，宽约 10 厘米左右的扁鱼状生物。然而，当时的科学界对这一颠覆性的发现普遍持质疑态度，因为在超过 1100 个大气压之下存在高度发达的脊椎动物，这完全违背了"常识"。海洋，是人类自然科学库中相对完善，几乎不存在"边缘地带"的一个研究领域，人们不敢相信也不愿承认的，自己引以为傲的海洋科学知识只是沧海一粟。

1987 年，自称"先是一个探险家，然后才是导演"的詹姆斯·卡梅隆，以上述事件为原型，拍摄了《深渊》。当时的他已经凭借《终结者》和《异形 2》崭露头角，但急需在事业上升期刷票房的卡梅隆，选用了这样一个晦涩难懂的冷门题材，并未获得市场的认同。然而，本片在当时和历史的夹缝中，却如同一个威力巨大的深水炸弹，它不仅是卡梅隆走上宗师之路的重要一步，而且也开启了海洋科幻题材全盛时代的大幕。

海洋和太空这两个科幻题材的主要选题，所指向的正是人类认知范围

"大老爹"

这样一个让人神往而又诡诈的空中楼阁，一度被认为是人类的理想国度

"小女孩"

的两个相互对立的边界：一个指向人类世界幽暗的内部，一个指向人类世界渺茫的外部，二者均为我们的日常经验难以触及的未知地带。而科幻的力量，却可以通过人类最为普遍的情感因子，带领我们层层深入或者飞升。在游戏的世界中，用数字互动又是以怎样的方式演绎与展开他们的蔚蓝色畅想的呢？

幻灭的水下乌托邦王国
——极乐城（《生化奇兵》）

安德·鲁莱恩，资本家，极权体制迫使他带着全部家当逃离故土，前往大洋彼岸。在美利坚这片"自由与希望的热土"之上，他创办了莱恩工业，并且积极融入美国的现行体制。然而随着 20 世纪 20 年代世界经济危机的到来，莱恩的事业连同对美国的憧憬一同化为泡影。而美国政府接下来对莱恩资产的强虏行为，更加证明了体制之恶。

莱恩因而极端地认为，整个世界由于人性之恶，注定要走向崩溃败，而二战结束给全人类带来空前精神危机，罪恶之花的绽放，以及核武器的出现，这些必将导致全球毁灭。他幻想利用舆论机器洗脑来消除"思想的恶"，利用极权来消灭"制度的恶"，利用科学手段来控制"身体的恶"。为此，他要在人类从未曾涉足的地方，建造一个"没有国王，没有上帝，只有人"的空想乐园。莱恩决定不再继续商业业务，而是拿出了自己剩余的全部家当，选择在位于冰岛首都雷克雅未克以西 433 公里的北大西洋海床，建造一座名为"极乐城"（Rapture）的海底城市。

1946 年 11 月 5 日，伪装成石油钻探船队的莱恩工程队伍前往目标海域，他们的首要任务，是安装好这个庞大工程的"吊架"。深水焊工和机械工人在海床上的坚固岩石上开始建造地基。

上图、下图: 所谓"爱国者",是四台 AI, 玄武所搭载的 GW, 又是"爱国者"推进全球霸权最为重要的一环

在深海直接建造如此复杂的城市,从技术角度来说是不可能的,因此所谓的"地基",实际上是未来各个功能设施的"卡槽"。极乐城所有的功能设施,都是在陆地建造完成,然后由货轮运输就位,通过十万吨级的超级潜水平台"沉降者"(The Sinker)送入水下,再通过预先设置好的滑轨和水下吊臂,送入预定位置。就这样研究所、美术馆、夜店、医疗中心、花园等相继在海床上矗立起来,透明玻璃通道代替了陆地世界的街道,将每一栋建筑紧密相连。就这样,在人类难以涉足的海底世界,一个恢宏的奇迹实现了。

而维持极乐城运转所需的电力、海水淡化、水下交通和监控系统的能源,都来自于海底的地质运动(火山),完全不依赖外界,所有生活物资均可实现自给自足。因此,极乐城的经济制度堪称是"最为纯洁的资本主义"。从食物、医疗到安全,哪怕是氧气,均是有价的商品。极乐城的经济全凭市场来进行调节。这里亦无"公权力"

的概念,哪怕是警察和消防,都是由私人公司运营的业务。

正如莱恩的名言,"在极乐城,艺术家不必害怕被审查,科学家无须受道德的羁绊,君子不被小人掣肘",所有人性的缺陷都被完全不同于已知世界的社会法则消灭殆尽,最终达到一种理想中的"绝对自由"。在这座海底都市里,商人可以在不受任何法律管束的前提下创造财富,艺术家可以放弃理性进行创作,科学家可以涉足传统道德禁忌的领域。真正意义上的各尽所能,各取所需,很快就让极乐城迎来了自己的黄金时期。然而看似可以为所欲为的这个极乐世界,其背后所体现的却是以人——也就是城主莱恩的极端意志,为了维护自己所标榜的"至善",他可以采用一切非常的恶劣手段。

极乐城是以丛林竞争为法则的人类文明的一个缩影,现实世界中两个自称自己才是救世良方的"宇宙真理",

在极乐城的漫长角逐过程中,都暴露出了它们伪善的一面,并最终导致了这个乌托邦的幻灭。

信息大洋的深海潜龙 ——玄武(《合金装备》)

2000 年 1 月 24 日,不明黑客攻击美国国家安全局位于马里兰州米德堡的数据中心,造成系统长达 73 小时的大崩溃(注:此为真实事件)。事后美国政府决定研究一种能够从数字和物理层面彻底隔绝网络恐怖活动的途径。一种内置互联网数据监控与处理中心,同时又配置有强大武装的水下机动要塞——玄武(Arsenal Gear)应运而生。以 2007 年"发现者号"油轮在下纽约湾倾覆引发的生态危机为契机,当局在这一片区域设置了巨大的海上污水净化作业平台,而其实质则是"玄武"工程的掩护。而就连这一计划的实施者们也未必了解,玄武的实质,是幕后黑手——"爱国者"对人类实施整体控制的阴谋。

玄武的外形融合了老头儿鱼的仿生学特性，实体面积足以覆盖一个街区。其内部舱室以动物的消化器官命名，如胃、空肠、升结肠、乙状结肠等。其心脏地带，是安装在冷却室中的 A.I.——GW（乔治·华盛顿）。与莱恩这个只想在自己的王国中当太上皇的野心家不同，"爱国者"的目标是全球控制，它们并不考虑靠洗脑和人体改造这些下等方法来实现这一目标。

信息控制是"爱国者"运作的最核心环节，控制了信息也就控制了人类的思想。而"爱国者"的智能已经强大到可以轻松通过图灵测试，在灵活性层面和人类无异，且拥有人类无法比拟的思考速度与多任务处理能力。通过信息的删除、屏蔽、定向推送等方式来引导人类的行为，虽有夸大之处，但理论上完全可行，在未来"大数据"发展到高级阶段之后，《合金装备》游戏的主创者小岛秀夫的上述构想或可成真。

从小型潜航器到"独眼巨人号"潜艇，都可以被亲手来创造

最初爱国者系统（S.O.P）只是一个类似网络防火墙的概念，然而随着信息量的增大和普通用户对之的依赖感增强，再加上从众心理驱使，"使用—被控制—使用"这样的恶性循环出现了，这使得爱国者系统通过纳米计算机，快速控制人类社会的各个领域。

玄武同时也是一个火力相当强大的一个水下武器平台。其搭载的 25 台代号为 Ray 的两足机甲"合金装备"，拥有瞬间荡平一支舰队的恐怖战力。此外，玄武的垂发系统还通过内置的上千枚的反舰、防空导弹，为一切图谋不轨的海空目标编织了一道密不透风的死亡之网。

玄武在整个合金装备武器家族中被视为异类，比如体积最大，非两足行走，不能发射核武器……值得强调的是，玄武所发射的的确不是"常规"核弹，而是"纯聚变氢弹"，这种概念化的武器并不需要铀或者钚原子弹发动聚变程序，而是靠激光和电磁来完成点火，因此不会像"裂变—聚变—裂变"过程的三相弹那样，外壳裂变后产生半衰期最长、辐射最大的钴-60，变成"一颗下去六十年不长草"的缺德玩意儿……这种"小清新大杀器"的目标，是为了通过高空爆炸之后的电磁脉冲来大面积摧毁电子设备，因此可以算作是玄武这一巨无霸用于信息战的战术兵器。

从哪里来，回哪里去——水之夜（《未来水世界》）

1995 年，耗资两亿美元的科幻巨制《未来水世界》公映，之后发生的故事，我们都很清楚了：这部充满想象力的寓言式电影只收回 3800 万美元票房，且口碑极其糟糕。但在"废土"概念熏陶之下成长起来的新时代影迷看来，本片从科幻理念、世界观构造、内容丰富性、细节想象力、场面调度和特技技术等方面无不上乘，之所以会让环球影业赔上血本，很大程度上是因为本片对未来的设定实在是太过超前了——当时的人们根本没有做好准备去接受一部群演全部穿着"乞丐装"，

《未来水世界》所营造的"水之夜"

满眼都是"废品收购站"的科幻电影。然而，这部电影却长久地留下了一个独具匠心的概念：人类的演化会走向何方？

在不远的将来，两极冰层融化，海平面继续上升，陆地几乎都被淹没。残存的人类艰难地生活在水世界中的浮岛上，人类文明倒退几个世纪。不到百年的时间里，人们已不记得有陆地，只是很少人还坚信陆地的存在——

他们称之为"干土"……重新回归海洋之后，为了适应这种生存环境的变化，被称为"海行者"的变种人进化出了鳃和蹼，他们利用自己可以在水中呼吸的能力，潜入海底从沉没的城市中挖取泥土，交换淡水和番茄苗，他们的出现，代表着人类的一种进化方向。

生命发源于海洋，在陆地文明彻底消失时，人类是不是应该再次回到生命的发源地呢？这样的生活将是一

幅怎样的景象呢？一部被国内玩家称为《未来水世界》(Aquanox，拉丁文含义为"水之夜"）的潜艇射击游戏，在电影公映后的第二年，就对此进行了一番展望。

和"原作"（游戏和电影并无任何关系）的"破烂王"视觉风格相比，《未来水世界》所营造的未来水世界，是一个科技感爆棚的未来时空。2014 年，全球各大国开始了一场旨在挑战潜水

深度的竞赛，虽然当事国均声称自己是出于科考目的，但各自真实的用意，均是为了设立永久性的人类水下定居点而进行技术储备，以便源源不断地获取海洋资源。为了尽可能不受主权约束，抢夺在国际法上处于空白的海底资源，各国深海科技开发的军事化痕迹日益明显，逐渐演变为一场军备竞赛。

和那些用安置在近地轨道上的摄像机展示"全球种蘑菇"骇人画面的末日电影不同的是，《未来水世界》世界观中的核毁灭是一个人类所组成的"互害型世界"的慢性自杀行为。2030年，印度对巴基斯坦实施氢弹攻击，开启了国与国之间"一言不合就核平"关系的序幕。另一方面，随着地表资源的日益枯竭，即便是昔日的超级大国，亦无力独自研发深海殖民科技。在持续的核恐慌之下，区域性国家逐渐放下了历史和地缘政治的包袱，以抱团取暖的方式全力进军深海，为各自民族生存与延续争取时间。2061年，中日、印度和阿拉伯世界，以及北大西洋国家分别在马里亚纳海沟、孟加拉湾和比斯开湾建造水下城市，它们也是日后三个水下政权——泛亚幕府、阿拉伯联盟和大西洋联邦的雏形。

在水下世界建设的早期，殖民地堪称是最接近地狱的地方，长时间的高压水下作业，让骨坏死、水下神经失调和脑栓塞成为了先驱者们的职业病。历经几代人的牺牲，二十二世纪初期，三个深海殖民地宣告完成，然而几乎在同时，他们也发现，基础设施是有了，但水下世界对于现存科技几乎没有兼容性——核战争遮蔽了阳光，让基于卫星的全球通讯彻底瘫痪。古

老的螺旋桨和泵喷射推进技术，无法支持高效的水下航行。超长波信号或极长波信号能够满足军事化的需要（发送二十六个英文字母需用几十分钟时间），但如果想在水下唠嗑，或者是看段网络视频，那么肯定要抓狂了……

2105年，已经亲眼见证旧世界毁灭的三个政权的领导者们，终于为了全人类的利益坐在一起，商讨成立新的国际性组织，就能源、运输和制氧这三个看似简单，实则需要彻底重塑的技术展开合作，这也是游戏中的超级企业 EnTrOx（Energy-Transport-Oxygen）的前身。到了游戏故事时间线的二十七世纪，量子通讯、可控核聚变、水下火箭推进器、超空泡发生器等等概念化的科技均已经成为了现实，并且再度满足了人类走向自我毁灭的需要……

一个是废土世界（Low-Tech），一个是高科技世界（High-Tech），两部"未来水世界"，用殊途同归的方式，回答了同一个"我们从哪里来，又要到哪里去"的问题。

外星海洋殖民计划——海洋星球 4546B（《水下之旅》）

人类之所以要将"存在液态水"作为寻找存在生命的外星球的条件之一，是因为按照我们已有的自然科学知识，碳基是最为普遍的生命形式，在生命形成的过程中，水为其大量提供了必备的氢氧元素，进一步提升了形成生命甚至复杂生命的概率。所以我们不需要用"外星生命未必要基于阳光、氧气和水，可以是硅基，甚至可以是非物质的形式"来嘲笑地外生命研究者们按图索骥的行为。正是因为人类已知的生命产生模式仅有一个地球样本，所有的研究肯定是以地球为基础来进行的。所以，流行文化产品中出现的大量可以孕育外星生命的星球，比如"星战"中的卡米诺星、《死亡空间3》中远古时代的涛尔·瓦伦缇斯星，以及《失落的星球2》中被解冻的 E.D.N.III 星球，其表面均覆盖或者曾经覆盖有无边的海洋。这绝非游戏设计师们的凭空想象。

虽说宇宙中氢占元素总量的百分

体验《水下之旅》

之七十多，氧也是很常见的恒星聚变的产物，即在太阳系中，仅木卫二所覆盖的厚厚冰层所蕴含的水，都要比地球多出许多。但在茫茫宇宙中，发现一颗存在液态水的宜居星球，的确是一件概率比中彩票头奖还要低千万倍的事情。

Steam 游戏平台上的《水下之旅》所讲述的，正是上述极低概率事件发生之后，撞了超级大运的人类，是如何在一颗海洋星球上站稳脚跟，开始一场可以同上帝创世相提并论的超级挑战的故事：在遥远的未来，"北极光号"飞船在编号为 4546B 的异星上坠毁，乘坐五号逃生舱的唯一幸存者（玩家角色）惊奇地发现，这是一颗和地球生态环境高度类似的蓝色星球，有恒星提供合适碳基生命成长的阳光，有两颗月亮，存在昼夜交替和潮汐变化。这颗星球几乎没有大陆，只有少数露出海平面的小岛，最大水深 3000 米，而且海洋中存在完整的生态系统，从肉眼无法识别的微生物，到高度发达的海洋植物和脊椎动物一应俱全。其中不仅具有大量令人似曾相识，习性却大相径庭的海洋物种，而且还有可以把蓝鲸这种地球上体格最大的哺乳动物比喻成了儿童玩具的超级海洋掠食生物。

至于这部游戏的玩法，《游戏玩家杂志》用寥寥数语进行了高度的概括——这是一部水下版的《沙箱世界》，它拥有冒险、探索、收集、生产、建设、生存等多种游戏元素。遵循这个沙箱世界的规则，玩家就可以实现真正意义上的为所欲为：你可以喂食海洋生物并记录它们的各项数据和习性，也可以捕杀它们当晚餐，甚至可以将其置入鱼缸中当宠物养起来；你可以身穿潜水衣与海洋亲密接触，也可以驾驶自己建造的潜艇在海洋中穿梭，或依靠找到的图纸和 3D 打印机制作部件，像搭积木一样，建造庞大的海底基地；你可以用小刀、激光枪与海洋中的威胁战斗，也可以用巨型潜水设备上的舰载武器来教会"海皇""利维

在 VR 游戏渐盛的现实下，《水下之旅》不失为此领域的一部大作

如果你在基地建设中使用了太多的玻璃材质，那么就会有渗水，甚至是被水压彻底摧毁的危险

坦"等巨无霸什么是听话，或者主导生物种群的繁衍或是灭亡，改变海洋地表环境，从而影响生态系统，进而改变整个星球的进化方向，给这个星球未来可能出现的智慧生命留下一段关于"神"的传说！

结语

人类在自身进化发展道路上不断前行的同时，生存领域也在不断地扩大。从依水而生到进军内陆，再到探索和征服海洋，我们的祖先们孜孜不倦地探寻这个世界的各个角落。在《海底两万里》成书的1869年，蒸汽船尚未得到普及时，人类作为对于生命起源的海洋的深度探索依旧无能为力，但是凡尔纳已经代表人类，将永不停歇的探险精神与求知触角伸向了海洋的心脏地带。

由于与电影和小说的表现方式迥异，尤其是游戏可玩性要求对海洋科幻题材发挥的制约，我们看到，虽然有大量的游戏作品涉及碧波浩淼的蔚蓝世界，但更多是将其作为背景，除了本文提及的《水下之旅》以外，还很难找到题材与游戏方式浑然融合的作品。海洋科幻，从某种意义上来说依然是数字互动艺术的"处女地"。每一个"海洋系"游戏的玩家，都曾经经历过《大航海时代》异国情调和浪漫色彩的熏陶，体验过《猎杀潜航》中深海猫鼠游戏的惊心动魄，震撼于《战舰世界》中大舰巨炮的激烈碰撞。不过，它们都过于"现实"。一个充满想象力的海洋世界，它在符合现实基本法则之外，极尽造化之功，让为遨游其中的玩家带来未来科技的震撼，也增加我们对大自然的敬畏与对生命起源的热爱。游戏，既是对幻想的实现，同时也是幻想的形式和组成部分。游戏所承载和联结的海洋的过去和未来，正需要游戏所代表的两种力量——科技与幻想，加以实现。 C

周文武贝
乘风破浪的中国科幻电影
"主脑级"开拓者

周文武贝所在的上海泓亮影视公司是立足于上海的新生代独立制片公司，主要致力于国产好莱坞类型的电影开发、制作和以此为基础的产业化内容打造。公司秉持"中国原创，世界代工"的制片理念，汇集了以新生代编剧，导演周文武贝为首的一批中英文双语年轻电影人，用国际化的视野和产业化的思维打造符合中国消费者需求，并兼顾国际市场的内容产品。

比起其他词语来形容周文武贝这位新生代科幻电影导演时，他更喜欢"主脑"这个词。在开拓科幻电影领域时，

如何在拍摄中实现其理念？如何协调各种资源？如何看待中国的科幻发展？也许从下面的专访中，能够感到这位新生代导演如何"主动"，如何"思考"，如何"学习并实践"，直面这些问题。

Q 《科幻 Cube》编辑部
A 周文武贝

Q 周老师，是什么原因让您舍弃了优越的媒体人生活而去做一名白手起家的中国科幻电影影视人呢？

A 首先媒体人并不优越，每天的生活是非常紧张的。而且随着传媒行业的发展，传统的媒体已经在走下坡路，这种趋势在三年前我转型电影的时候就已经出现。另一个原因是对于我本身来

周文武贝

中国新生代电影人，独立导演，编剧，美国联合精英经纪公司（UTA）签约的首位华人导演，率先提出「中国原创，世界代工」的全新国产商业电影制作模式，并在自己的两部作品加以实践。两部作品也都实现了海外院线上映。特别是其执导的二〇一六年上映的国产硬科幻冒险电影《蒸发太平洋》，支到了刘慈欣等国产科幻先驱的力推。该影片围绕一架二〇二〇年首发的空客 A390 客机展开，讲述了一次航班在首航中遭遇意外的故事。

说，电影制作一直是我的爱好。这种爱好，在我心中根深蒂固，已经存在了二十年。我只是一直在积累，等待机会。另外，我又是一个科幻电影的"拥趸"，如果说电影是我钟爱的一个女人，魂牵梦绕的一个女人的话，那么科幻电影就是她的眼睛，是最"销魂"的，是让我对电影产生兴趣的基础。

还有一个原因，就是我从小在一个电影的环境中长大。我父亲是中国第一批洗印胶片的技术工程师。中国第一台数码冲印的流水线就是由我父亲负责引进、安装并运作的，所以从小我就喜欢电影！

Q. 媒体人的经验是否有利于判断中国观众喜欢哪些方面呢？

A. 媒体人当然有很多机会了解受众，了解市场，而且我原先是做电视节目的，这种经历对我帮助很大。因为做电视节目，首先是有非常高的要求，每天要进行收视率分析，而且每天都要进行竞争比对。这些都直接影响到个人收入，甚至栏目的生存。作为媒体人的经

验让我更加注重受众的感受，而这一直以来也是我的一个艺术观。不管是把电影当成产品还是当成艺术品，不管别人怎么看待，我都认为受众是非常重要的。

Q. 哪些海洋方面科幻影视剧使您印象深刻呢？是否可以说，您拍摄的科幻电影也是受到这些作品的影响呢？

A. 要说我印象当中最深的几部关于海洋影视剧，第一部就是大家都知道的，我们这个年代的人，都应该看过的《大西洋底来的人》。这部电视剧是一部美国科幻连续剧，1977 年出品，意义深远的一部科幻影视剧，我印象非常深刻。这是我们这一代的中国人小时候可能接触到的最早的一部西方的科幻影视剧吧。

第二部就是我非常喜欢的一部，叫《超级战舰》，是 2012 年上映的一部美国好莱坞科幻电影。这部电影在美国表现一般，而在中国口碑非常好。因为它里面有很多外星人，有战舰，非常酷。我相信男孩都很喜欢，而且我觉得故事讲得过瘾，特效也特别好。充分符合我对电影的一个评判标准——就是造梦。足够的梦幻，足够得能让观众脱离现实。这也是我做电影最主要的一个标准，也是电影能够被大家所铭记，被大家所崇拜的一个因素。

还有一部叫《深海之战》，韩国科幻惊悚电影。影片讲述在一个名为"第七矿区"的海域，一个石油勘探团队，遭遇海底未知神秘怪兽袭击的故事。韩国著名女星河智苑领衔主演的。这部电影其实是相当于"密室杀人"的一个故事结构，虽然成本不是特别高，与好莱

坞大片没法比，但是我对它的印象还是
非常深刻的。

当然，我受到了一定启发，绵延不
绝的。一直以来，海洋对于我而言是充
满着神秘感的，而一切在海洋，尤其在
那些人迹罕至的大洋上发生的事件，都
带有非常浓烈的科幻色彩。比如说"百
慕大死亡三角"，我小时候看过很多关
于外星人的书籍，感觉大部分都会涉及
那里。所以它在我的电影《蒸发太平洋》
中也有所体现，但是不多，主要是受到
技术手段和制作水准的限制。

Q 作为中国科幻电影的开拓者，
您获得哪些有益的启示呢？比如，文化
与语言碰撞与磨合？原创的难度？

A 我受到了非常多的启发。从我
第一部电影《绝命航班》到《蒸发太平
洋》，我首先通晓了好莱坞商业电影制
作的整个流程。虽然只是好莱坞工业化
体系的一个最基本的概况，对一些工种、
一些流程、一些标准只是有了一个大致
的了解，但是这为我之后拍更多的高概
念、高技术、高投入电影打下了一个很
好的基础。

在与国际团队的磨合中，首先要学

习怎样去克服文化的、语言的障碍。再
就是在制作理念上如何让故事的类型满
足市场的需求。这些有差异的东西，都
需要我们团队去学习，花时间去磨合，
去融合，去取长补短，最终做出一个适
应中国市场，同时能够兼顾国际市场的
电影。我们希望能拍出在国际上有一定
市场的，而且又有非常浓厚中国元素内
核的，具有国际卖相的作品。

我一直觉得，其实原创也好，改编
也好，各有各的难度。改编的话，可能

在前期比较容易，融资方面在故事的最
基本的雏形类型定位上面会比较容易。
但到后期要面临的取舍问题其实非常
多。而原创，则可以从一开始，就为一
定的目的、一个项目、一个故事、一个
类型做一个量身定制的设计。这就好像
你买衣服，买大牌成衣或找一个裁缝做
衣服是一样的。各有各的长处，但又各
有各的短处。

Q 您怎么看好莱坞科幻电影的成
功？您在拍摄中如何克服相关困难，去

借鉴这些经验，拍摄自己的作品呢？

A: 我认为好莱坞科幻电影是美国电影工业化的最高水准体现。它里面凝聚了好莱坞整个电影工业发展一百年来所有的精华部分，以及好莱坞电影人勇于原创和挑战的精神。可以说，好莱坞科幻电影从故事类型到电影技术的各方面，都是电影文化的集大成者。所以，我非常坚决地认为中国的科幻电影一开始需要学习模仿，继而进行原创，然后利用后发优势进行弯道超车，这是有可能实现的。但是第一步毫无疑问，先要学习模仿实践，最终再进行创造。

我们团队在拍摄《蒸发太平洋》过程中，首先是大胆地采用包括以好莱坞为核心的国际团队进行各方面资源整合。虽然鉴于成本的原因不可能完全用好莱坞团队，但是在这种情况下，我们因地制宜地采用各种方法，学习实践。在实践当中不断学习，也果断地加入一些中国特色，时刻不忘记以中国市场为核心。在这技术层面上，可以大胆地借鉴各国的经验，但要以好莱坞为主。

我们常说，"说起来很容易做起来难。"在拍摄中国科幻电影中，需要有非常强的毅力、眼界以及技巧。所幸在拍摄过程中，因为采取了正确的战略方向，而且由于中国市场的蓬勃发展，我们中国电影人获得了一定的资源和市场的尊重。我们在中国市场获得的这些强有力的后盾，使我们有机会在这样的国际团队当中起到统领的作用。

Q: 将来您还会执导什么样的科幻片？方便透露一下吗？

A: 我目前还在开发一个科幻题材的项目。这个科幻题材，预计我们会基于整个产业链来进行系列打造。原则上，在编电影剧本的同时，我们会积极开发小说和漫画，在电影开机之前可能先出小说和漫画，然后才是电影，以及一系

"在这技术层面上，可以大胆地借鉴各国的经验，但要以好莱坞为主。"

列游戏、主题公园衍生产品。这是一个比较大的制作，类似《X战警》和《黑客帝国》的混合体。这部电影全程在上海拍摄，是一部青春科幻悬疑类型的作品，会有很多大场面。这部电影预计在2018年开机。

除了青春悬疑科幻（《魔都》）之外，我今年年底前还计划开拍一部软科幻作品，类型上属于荒诞批判喜剧，大量疯狂的科幻元素。这原本是一部非常现实主义题材的片子，后来在开发过程中被加入大量科幻设定，从而打破了戏剧结构方面的一些限制，也更好地体现了核心主题，我本人非常喜欢这个故事内核，

也是该片的第一编剧。

Q: 从2016年开始中国进入了"科幻元年"，您作为中国科幻电影的开拓者，对观众，特别是年轻一代的观众，以及科幻原创影视行业有什么期许吗？

A: 我希望中国观众对中国原创的科幻，尤其是对原创科幻的影视、原创科幻的游戏，这些探索性作品的内容形态能够持宽容的态度。任何原创的东西在一开始都非常需要本土观众的支持。这些原创发展都要遵循一个从弱到强、由简入繁的基本规律。科幻电影工业也是如此。科幻电影涉及诸多高端的工艺，体现诸多最新技术，跟整个社会的经济发展水平直接挂钩，所以特别需要大家以一种宽容的心态来扶持它们。

《三体》延期挺好的
对中国科幻电影现状的冷思考

作者 / 何厚今

何厚今

南开大学文学院传播学系教师。跨界媒体人。

近日，被众多科幻迷们期待的《三体》大电影宣布延期了。遗憾之余，其实大家已经早有心理准备。游戏资本、作家 CEO、导演经验不足，这些关键词在《三体》电影刚一发布时就为它的前景蒙上了浓重的阴影。后来，制作期间的云里雾里的做法，加之今天连个预告片都没有发布的行为，无疑是对这些关键词的最好"诠释"。在种种迹象的预示之下，大家多少都做好了《三体》电影要烂尾的"觉悟"。在这里，我不想批评游族影业、孔二狗，还有导演张番番。他们怎么折腾都行，只要不违法乱纪别人也没啥资格管。我倒是想聊聊这个问题——现在的中国能不能拍出一部有影响力的科幻电影？

中国科幻电影——数量少，水平低

科幻在中国是一种小众文化，我们这些科幻迷都是知道的。无论是在文学层面还是艺术层面之上，中国的科幻创作在世界范围内都算不上强大。这其中尤其弱小的当算是科幻电影了。在中国电影一百多年的历史中，电影产量其实是不少的，各种类型也很丰富。但唯独"科幻"这一题材凤毛麟角，总数量手指加上脚趾基本就能数过来了。数量少、水平低应该是对中国科幻电影比较中肯的一个评价。不过在这些为数不多的作品中，也能找到别有趣味的作品。比如科幻电影《十三陵水库畅想曲》就堪称"神作"，很有 **Cult Film**（邪典电影）的特点。当然，这是一个相当冷的笑话。

如果在中国寻找一部有影响力的科幻电影，那么我觉得非张鸿眉女士导演的《珊瑚岛上的死光》莫属。很多人也称这部电影是"八〇年代社会主义魔幻革命片"，评价甚高。这也从侧面印证了 20 世纪 80 年代是中国科幻最好的时光之一。此后，中国就没再出现过更有影响力的科幻电影。可奇怪的是，中国科幻电影没有进一步做大做强这件事，

叶文浩遥望红岸基地

大家还真不在乎，就连呼吁发展、扶持的声音都鲜有出现，其中缘由，大家闲时可以玩味一下。

中国科幻电影的窘境——故事、市场、工业

造成中国科幻电影的窘境我想大概有三原因——故事、市场、工业。先说故事吧。科幻电影的源头大都来源于优秀的科幻小说，也就是流行的说法——IP。我们现在的电影市场其实不太讲究质量，更多考虑的是噱头。只要IP足够大，不管是不是"小白文"都无所谓。《三体》要不

是这两年火得一塌糊涂，我想它烂尾的消息也上不了各家媒体的娱乐版。想想看我们身边有多少人是只看过《三体》的"科幻迷"呢？当然，从看《三体》发展成科幻迷也是一件好事儿。可惜，这些读者看《三体》主要是为了"提逼格、秀时髦"而已。想当初，这部作品刚付梓之时，在当地图书大厦都找不到此书，可见印数之惨淡了。很多人对张番番有意见，觉得他的地位不配导演这部戏。其实不然，人家购买小说版权的时候，科幻小说的改编权可是无人问津的。能在 2010 年以前购买《三体》的版权，说明这个张导

三体不是人类的末日
就像蝗虫从未被我们消灭

三体
2016 COMING SOON

《三体》海报

是真的喜欢这部作品。最起码人家也有这个眼光不是吗?

　　这两年大刘火了,获国际大奖了,让大家以为中国的科幻文学已经强大了。然而这是个假象,中国的科幻文学依然属于四六不靠的境地。说是文学吧,主流文学界不爱带你玩儿;说是科普吧,科学界也不太承认。在这个消费的社会、逐利的时代,你没个明确的地位,那就很难获得话语权。当然,我们的科幻作家们还有热爱与坚持,这很让人敬佩。可是看一看现在科幻作家的中坚力量,大都是中年往上了。隐隐地让人觉得,老人儿坚持的就坚持下去了,新人也就不坚持了。最可怕的是,新人中有一批投机的。创作能力不行,觉得科幻是个广袤土地,随便播点儿啥就能开花。科幻创作有些投机者,而科幻电影的投资方,那就

有更多的投机者了。

　　中国电影市场现在热,热得惊天地、泣鬼神的。资本有逐利的特点,这么火爆的市场不投机一下简直是对不起祖宗。找个科幻的由头就开项目。然后搬出来一堆大数据一通证明,最后是某些不靠谱的影评人在一旁天花乱坠地帮腔。可你就是不知道他们究竟要拍个什么。更有意思的现象是,一些项目的参与者看到科幻片的市场空白后,干脆就直接自己挑头做新项目。也对,跟着别人干,不如自己直接上。就拿《三体》这个项目开发过程中游族影业出走的一系列高管来说,他们大都自己去开了影业公司。其中一个还请了刘慈欣作为新片的监制。大刘是很棒,我也很喜欢。可他是个作家,不见得通晓电影的整个制作流程。当然这

《三体》电影剧照与《奇爱博士》相仿的布景

只是很小的例子。我也和一些电影行业的朋友聊过科幻片的项目。大多数要么喊着"巨型 IP，鸿篇巨制"的口号，要

么弄着小成本概念来圈钱。无论是哪一种，我都不太容易看到他们对科幻这个题材的诚意。中国科幻电影现状明显是商业开发过度，市场规范又不足。而不管是精神上还是物质上，中国科幻电影恰恰需要坚实的努力与投入。

和其他类型片不同，科幻片对工业基础的要求是最高的。中国的电影产业，可以说商业最发达，市场次之，工业最差。这两年咱们的电影工业基础并未因商业市场的发达而有大规模的发展，甚至在某些方面或有倒退。就拿科幻电影最需要的特效技术来说，大家看看，这两年的中国产大片，有特效过硬的例子吗？中国不是没有一两家好的特效公司，但是他们有话语权吗？没有的。我有个朋友，有一间很有规模的特效公司，干活儿也很卖力气。但他告诉我说："我干电影特效就是为了打名气，根本不赚钱。没人认头给特效投钱。我们都拿不到明星工资的十分之一。"他这典型是牢骚话，但也确实有着普遍的代表性。

当然，也不一定要找国内的公司，可以找国外的啊！没错，是这个道理。难道说现在进行国际制片合作已经没什么障碍了吗？显然不是。一旦咱们的导演、制片人对于科幻电影的制作流程与技术做不到极其熟悉，某些方面就难以保证不被外方"蒙"。即便国际友人有良心，也必须有开展专业合作的能力。百年中国电影史都没有出现一部真正有影响力的科幻片，是不是就是因为缺乏有专业素养的导演和制片人呢？这不，《三体》就是折在特效上。

其实依我看，《三体》延期不是一件坏事。这盆冷水泼得恰恰是一个好时机。让创作者冷静一下，让市场冷却一下，让工业体系受刺激一下。相信每一个科幻迷都不希望科幻电影成为投机者的沃土。因为在他们心中，科幻，依旧是一种坚持、一种精神。C

把宇宙存进硬盘总共分几步?
那些幻之又幻的物理理论

作者 / 曹天元　图 / 视觉中国

曹天元

著名科普作家，代表作《上帝掷骰子吗量子物理史话》是近年来中国科普作品翘楚。同时也是CCTV动漫频道首席品牌顾问、自由投资人，涉足创客教育和影视传媒等多个领域。

宋丹丹在小品《钟点工》中，提出了一个诙谐幽默的问题：把大象装冰箱总共分几步？这种问题如果用在脑洞大开的前沿物理理论领域，一定会远远超出我们的想象。今天，我们仿照这个问题探讨一番"把宇宙存进硬盘总共分几步？"见识一下物理学界那些匪夷所思的，不是科幻却胜似科幻的理论。

宇宙的信息量是有限的

英国科幻作家巴克斯特曾经在短篇小说《致命接触》中描写过这样一个场景：在未来的某一天，人们突然发现，原来我们生活的世界不是真实的，而是某种虚拟出来的游戏——我们是否生活在一个虚拟的世界里？如何才能判断这一点？大家不妨来脑洞大开地设想一下：如果整个宇宙真是一个模拟游戏，它应该具有怎样的特征？

平时爱玩游戏的读者肯定能够马上联想起一些具体的例子，诸如《文明》《模拟人生》或者《三国志》这样的模拟游戏，在某种程度上，你确实创造了一个虚拟的世界。在这个世界里，虚拟的人物遵循着游戏里的逻辑，履行各种职责执行各种任务。但很显然，展现在电脑屏幕里的只是一个表象，这些本质上都只是电脑运行的一堆信息而已。

更关键的是，作为一种模拟游戏，它所处理的数据必须是有限的。假如我在《文明》里移动军队，这些军队只能沿着一些特定的格子行动。原因很简单：如果在游戏里一支军队的位置可以无限细分，那么它的坐标信息将是无穷的，以至于每移动一次，电脑就必须进行无穷多的计算，这显然是不可能的。因此，一个虚拟的世界必然只能具有有限的信息量。

那么，我们的现实世界又如何呢？乍一想，它似乎是可以无限细分的。从某一点出发，你可以前进1米，也可以前进1.333333米，或者3.14159……米，或者任何一个你可以想象到的长度。从这个角度来说,真实世界似乎不太像是一个模拟游戏。想想那个著名的阿基里斯与乌龟赛跑的悖论:当阿基里斯追到乌龟原来的位置时,乌龟已经向前爬行了一小段;而当他追到这个新位置的时候,乌龟又向前爬行了更小的一段……这样一来,在阿基里斯追上乌龟之前,模拟器就需要处理无穷多的数据和计算,直至崩溃死机。幸好在现实世界里,时空并不是无限可分的,运动也不是连续的。阿基里斯当然可以轻松地追上乌龟,而这个世界也可照常运转。

并且,如果把现代的两大物理革命——量子论和相对论

结合起来,可以得到一个结论:现实世界不可能被无限精细地测量。这个想法的基本逻辑是:如果想要测量一个非常非常小的间隔,你就必须用一个能量大的粒子去探测。而当能量大到一定程度时,就会形成一个具有一定半径的黑洞,吞噬掉那个间隔本身,从而使你无法得到测量信息。从这个意义上说,我们能够探测的长度有一个下限,通过计算可以得出,这个长度约等于 $1.6×10^{-35}$ 米,也被称为"普朗克长度"。

从信息的角度来看,普朗克长度决定了我们的认知有一个极限。如果把宇宙比作一幅图画,它的分辨率并不是无限大,而是由一个个不可再分割的"像素"所组成。同理,在时间上,也存在着一个可探测的最小间隔,称为普朗克时间,约等于 10^{-43} 秒。这样一来,就可以得到一个重要的结论:模拟我们的宇宙,并不需要无穷大的计算量。换句话说,宇宙的信息总量是有限的。

宇宙其实是一张"数码照片"

玩游戏的人都有过这样的经历:所有游戏在一开始似乎都很流畅,但随着时间流逝,要处理的数据数量越来越庞大,以至于电脑不堪重负而变得越来越卡。而现在,科学家已经知道:我们的宇宙正在加速膨胀中。这是否意味着,如果有人在模拟这个宇宙,他们所需处理的计算量正在迅速增加呢?

奇妙的是,量子论告诉我们:宇宙中的信息量不但有限,似乎还应该永远不变。这取决于两条著名的定理:不可克隆定理和不可消除定理。换句话说,我们的宇宙是信息守恒的:不管它怎么演化,其中的信息既不会增加,也不会消失。

让我们来打个比方:真实的宇宙好比一张数码照片的原文件,它的大小是 10M。但是,这并不是说它的"信息量"就等于 10M。因为在编码的过程中,我们通常会留出一些冗

余度也即"水分",以防止文件拷贝时因数据丢失而造成损坏。如果用某种强大的压缩软件把这些"水分"挤掉,我们可以得到一个纯属"干货"的文件,比方说 8M,这才是这张照片真正的信息量。到这个时候,文件就无法再进一步压缩,因为任何进一步的压缩都会导致原照片不可复原。

现在,真实宇宙的演化可以比喻成对照片原文件进行各种 PS 操作。而量子论告诉我们:只有那些不影响信息量的操作是可以被允许的。什么样的操作不会影响信息量呢?比如说,左右翻转。因为翻转后的新文件的信息量和原文件其实一模一样,压缩之后仍然会是 8M。只要记得曾进行过这样的操作,你就可以轻易地把它重复逆操作一次以得到原来的文件。也就是说,翻转操作是可逆的。

同样道理,你也可以把这个文件切割成两半,旋转 90 度,进行反向变色,或者把图片的冗余度增加一倍,等等。这些操作都不影响它的信息量,经过充分压缩之后,它仍然会是一个 8M 的文件(尽管各自并不完全相同)。这些操作有一个共同特征:只要你还记得每一个步骤,就总是能进行反向操作,直至最后把原来的那个文件一模一样地还原出来。换句话说,这些操作都是可逆的。

然而你不能进行这样的操作:比如图片的分辨率本来是720p,你一下子把它压缩到360p。因为这样的操作造成原文件的信息量不可逆地减少了。同样,你也不能突然"合并"进一张新照片,这意味着信息增加了。你无法判断哪些属于原文件,从而无法还原之前的照片。量子论对我们宇宙的要求大致如此:它的演化必须是可逆的。

宇宙被存进"黑洞硬盘",不可怕

数十年前,信息守恒这一点,曾面临严重的挑战,挑战

者名单中包括大名鼎鼎的史蒂芬·霍金。理由则基于宇宙中另一种神秘的物体:黑洞。按照相对论的预言,黑洞会吞噬掉一切,包括信息。所以如果一个人掉进了黑洞,他所携带的信息也将消失得干干净净。如此说来,宇宙中的信息应当在不断减少才对,又怎么会守恒呢?

然而,科学家们同时计算出了另一个奇特的结果:每当物质掉入黑洞之后,它总是会"膨胀"那么一点点,从而让表面积增大。于是,一位名叫贝肯斯坦的物理学家提出了一个大胆的想法:黑洞的视界表面积实际上代表了它的熵。

"熵"是什么东西?这又是一个话题。不过,如果非要下一个简单粗暴的结论,可以这样讲:熵代表了一个系统对你隐藏的信息量。换句话说,当一个人掉进黑洞,他携带的信息其实并没有凭空丢失,而是被隐藏起来了。

这还不够神奇,斯坦福大学的物理学家萨斯坎德又发现了一件更加令人瞠目结舌的事:黑洞表面积能够携带的信息比特数量"恰好等于"在它上面能够划分出的普朗克单位面积数量。也就是说,如果把掉入黑洞中的所有信息"尽可能紧密"地压缩在一起,它就正好构成了黑洞的视界表面。

如果假设我们的宇宙是一个被模拟出来的游戏,我们就可以用一个形象的比喻来说明问题:在这个游戏中,信息总量是不变的,但是,随着游戏的进行,有一部分信息可以暂时不参与运算。这时候,它们就被极限压缩起来,储存在黑洞的视界表面。这些表面就相当于"硬盘",代表了一定空间内所能包含的最大信息量——在今天被称为"贝肯斯坦极限"。如果有更多的信息写入怎么办?如果这样的话,一个黑洞的表面积,也就是"硬盘",就必须变得更大,才能把新的信息包含在其中。

霍金联手俄罗斯富豪
研发邮票大小航天器
探索宇宙

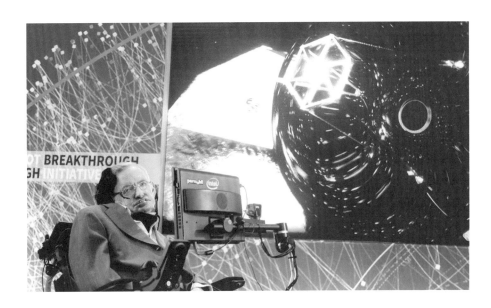

我们可以想象一下，如果真的有一个高级生物，他在把我们这个宇宙当作模拟游戏来玩。某天他突然累了，想存个盘，他应该怎么做呢？很简单，直接把整个宇宙压缩成一个黑洞。这样，组成这个宇宙的全部信息就都集合在这个黑洞的表面之上。那么，需要多大的黑洞才能储存下整个宇宙呢？这取决于我们宇宙所包含的信息总数。在可见的范围内，我们猜测它大概包含了 10^100 比特的熵，这样，只需要一个直径不到 1/10 光年的黑洞，就能够储存下我们宇宙全部的信息。而这个黑洞，大概就可以被看成我们这个宇宙的"游戏存档文件"。

但是且慢，这并不意味着"黑洞"等同于宇宙本身，正如我们前面所说，所有的信息其实都集中在黑洞视界表面上，所以，实际上是"黑洞表面"等同于宇宙本身！

这是什么意思呢？这意味着：如果把我们的宇宙压缩到极致，它其实对应于一张二维的球面！这让人非常迷惑不解，因为每个人都知道，我们的宇宙是三维的。如果把一个三维物体的信息压缩成一个"核"，正常的预计是这个"核"应该也是三维的。但我们宇宙对应的"信息核"却是一个二维的结果！如果宇宙的信息量（准确地说是信息熵）增加一倍，导致的是黑洞视界"面积"增加一倍。这又是怎么回事？这是否说明，我们的宇宙在最本质的意义上，其实是二维的？

换句话说，我们平时看到的三维宇宙，其实是一种信息冗余。如果把它充分压缩的话，宇宙这个"游戏"其实可以运行在一个二维表面上。实际上，三维宇宙只不过是二维表面的一个"全息对应"。这就是现代宇宙学中一个听上去极其匪夷所思的结论，称为"全息原理"。所以，即使有人向这个宇宙扔了一张"二向箔"，我们也无须太过悲观。说不定，我们只是被压缩了起来，大家仍然能够快乐地生活在黑洞表面的信息之中，谁知道呢？ⓒ

编读引力波

下期想象之旅：《太空堡垒中国 25 年》

1991 年，对于中国的科幻影视爱好者来说，是一个极其特殊的年份。除了《终结者 2》震撼来袭之外，长篇科幻动画片《太空堡垒》的横空出世，成为让中国年轻观众第一次真正体验"硬科幻"的"大事件"。25 年来，这部科幻佳作依然在多个层面潜移默化地影响着国人。下一期，我们将推出《太空堡垒中国 25 年》特别专刊，与大家一起再次领略传奇科幻史诗的无穷魅力，敬请期待。

意念控制

用你的意念控制小编试一下吧？你想在本书中看到什么内容，你自己说了算！下列栏目长期征集各种点子，赶紧告诉我们你的想法吧。

/ 科幻新闻家 /

梳理过往，展望未来，做有态度的科幻、科技资讯报道。

/ 模玩世界 /

集聚国内外最具科幻、科技感的模玩资讯，让玩家与原型师零距离沟通。

/ 图书推荐 /

做最公正、最透明的科幻类图书推介。

/ 我爱梅里爱 /

我们不是专门的电影刊物，只做独家最科幻的影视解读。

提提意见吧

本书你喜欢哪些文章？你还希望增加什么方面的内容？本书有什么错误或者你有什么好建议？我们非常希望听到大家的声音。请通过各种方式联系我们吧！微信、微博、电邮、信函都可以哦！

百花文艺出版社《科幻 Cube》联系方式

微信公众号：SFCube 2015　　　新浪微博：@ 科幻 Cube
邮箱：flowersbooks@126.com　　电话：022-23332408-8820
地址：天津市和平区西康路 35 号天津出版大厦 8 楼